MÓNICA BARDI - ADRIANA LIBONATI

LA AUDIOIMAGEN
Estéticas de semánticas múltiples.

Ricardo Vergara
Ediciones

Mónica Bardi, Adriana, Libonati
La audioimagen : estéticas de semánticas múltiples
. - 1a ed. - Ciudad Autónoma de Buenos Aires
RV Ediciones, 2013. 128 p. ; 20x14 cm.

1. Cine. 2. Imagen. I. Título
CDD 791.430 9
Fecha de catalogación: 29/10/2013

Coordinación Gráfica: RV Ediciones
Te: 011-4901-2300
email: vergaralibros@yahoo.com.ar
Facebook: Ricardo Vergara Ediciones
Buenos Aires, República Argentina

Diseño de tapa: Mónica Bardi, Adriana Libonati

Queda hecho el depósito que marca la ley 11.723
Impreso en Argentina - Printed in Argentina

Todos los derechos reservados.
® Ricardo Vergara, Ediciones
® Mónica Bardi
® Adriana Libonati

Impreso en Buenos Aires en el mes de noviembre de 2013
La Imprenta Ya, Florida, Prov. de Buenos Aires

Dedicatorias

Mónica Bardi
*A mis padres, a Carlos
y a mis hijos*

Adriana Libonati
A mis hijas y mis nietos

Agradecimientos

Al acompañamiento de Mónica Garcia, Horacio García Clerc, Laura Blumenkranc, Silvia Fuchs, Armando Capalbo, Diana Murat, Edith Bello, Juan Pablo Bermudez, Mario Capuccio, Mónica Alegría, Mara Sanchez quienes con sus diálogos, debates y colaboraciones animaron la redacción de este libro. Y nuestro especial agradecimiento a María Infante por la corrección de estas páginas y la elaboración del prólogo.

Prólogo

Prologar un libro supone comunicar al lector las bondades de la obra que va a leer. Sin embargo, me aparto de las fórmulas hechas y comienzo hablando de las bondades de las autoras de este libro.

En efecto, Mónica Bardi y Adriana Libonati, además de honrarme con su amistad, me han invitado a un viaje fascinante por la historia de las audioimágenes y su análisis, viaje que quiero compartir con los lectores de este libro.

Justamente porque las conozco y las admiro, sé de su pasión por la docencia, del entusiasmo y fervor que ponen en su tarea y de su incansable espíritu de indagación y de cuestionamiento.

Dada la trayectoria pedagógica de estas docentes, su mayor interés es la necesidad social de formar individuos críticos y receptores activos que sepan decodificar los mensajes multi-mediáticos, toda vez que el lenguaje audiovisual está cargado de combinaciones simbólicas que impactan al receptor y han modificado la manera de integrar información y conocimiento, cambiando la forma de aprender, producir y crear.

Se concibe al ser humano comunicándose a través de diversos lenguajes, empleando distintas formas de representación para transmitir significados. Estas formas de representación son la manera en que los integrantes de una cultura codifican y decodifican un lenguaje. El desarrollo de la capacidad de codificar y decodificar el significado habilita el desarrollo cognitivo del individuo.

Una de las funciones de la educación es atender las múltiples formas de alfabetismos, capacitando a los alumnos para extraer significados de las ciencias, las matemáticas, las artes y de cualquier forma social que construya un mensaje. Es ineludible entonces, desarrollar las capacidades necesarias para poder manejar una amplia variedad de lenguajes y formas expresivas. Alfabetizar ayuda a contextualizar al individuo, construyendo saberes pertinentes a las distintas manifestaciones culturales en que transcurrirá su vida.

Para ello es indispensable tener en cuenta ciertos aspectos fundamentales que condicionan estos saberes, como la globalización, el pensamiento único, la democracia y la diversidad y el exceso de información.

Pero las autoras van más allá y pretenden (lo logran muy bien), interesar a toda clase de lectores que quieran animarse a este viaje iniciado por nuestros antepasados hace millones de años cuando un tizón en el interior de una cueva dejó testimonio de un mundo ahora perdido.

Desde la prehistoria hasta el 3D la humanidad ha creado imágenes intentando asir formas, adjudicando significados que a la manera de un inconsciente colectivo, dentro de cada cultura, nos inducen sensaciones, deseos y pensamientos.

Vivimos en un mundo de imágenes y sonidos transmitidos ininterrumpidamente por los medios masivos que irradian conocimiento, información, modos de conducta y respuestas a los hechos de la vida.

Bajo esta premisa, las autoras indagan en diversos campos de estudio buscando siempre una conexión actual y local que pueda ser entendida de manera extensa y dinámica, entendiendo que la comunicación audiovisual es un complejísimo entramado de lenguajes expresivos tanto implícitos como explícitos y que están confeccionados con una multiplicidad variable de códigos, que se amalgaman en proporciones también variables.

Parafraseando a Shakespeare, estamos hechos de imágenes.

¿Somos tan sólo consumidores de imágenes? ¿Podemos también producirlas?

Cada página, cada capítulo, nos invitan a cuestionar y reflexionar sobre estos aspectos, muchas veces soslayados, de la cultura humana.

En las últimas décadas los medios de comunicación, internet, han multiplicado hasta el infinito las imágenes, que a su vez son reemplazadas por otras a un ritmo vertiginoso que nos impide la pausa necesaria para su comprensión más profunda. Así todo se torna efímero, fragmentado.

Sin embargo, a la manera de guías en un mapa, ciertas formas se mantienen y se reinventan: la *road movie* más antigua es sin lugar a dudas *La Odisea*. El cine y la televisión se siguen nutriendo de esa fórmula y son cientos los héroes que deben realizar viajes o misiones cargadas de peligros. En ese viaje aprenderán, sufrirán, pero finalmente tendrán su recompensa al llegar al destino anhelado ¿O el destino era el viaje mismo?

La gigantesca y multimillonaria maquinaria de la industria cultural resemantiza continuamente mitos, historias que se pierden en los albores de la humanidad.

De igual manera el lector deberá estar atento y poner en juego su propio bagaje de imágenes y sonidos para entablar un diálogo con el libro dentro de la "pantalla global" que nos contiene, como bien señalan Mónica Bardi y Adriana Libonati, invitándonos, casi como un juego a desentrañar los códigos semánticos.

Finalmente, a tono con una época provisoria e inacabada, el libro no pretende abarcarlo todo. Es ni más ni menos que un recorte puntual, como el trozo de un tejido analizado en el microscopio o la foto de un telescopio que congela un instante en una galaxia lejana.

Aquí y ahora, este libro es un testimonio de nuestros días, con un final abierto que deberá ser continuado y ampliado por nosotros, los lectores.

María Infante
Octubre de 2013

Introducción

*Aprendemos a mirar antes de aprender
a hablar pero luego explicamos
ese mundo con palabras.*
John Berger

Las transmisiones de la comunicación humana acompañaron al hombre desde el principio de los tiempos y desde ese entonces, la producción de imágenes no ha hecho más que crecer. Miles de años antes que nosotros, los humanos fueron hacia las grutas para decir sus creencias y pintar sus visiones. Lo sagrado y lo mundano, la vida y la muerte, temores y audacias, hazañas de los héroes y momentos de la vida cotidiana se transforman continuamente en imágenes. En el arte y técnica de la representación se entretejen valores mágicos, recordatorios, icónicos, didácticos, testimoniales y estéticos a lo largo del tiempo. El poder de las imágenes es inherente a la constitución y permanencia de los poderes, en un principio unido a la religión y desde la autonomía renacentista a todos los campos ideológicos. Con el invento de la fotografía adquieren además el valor de documento de la realidad. La imagen fotográfica y, en consecuencia, cualquier representación mecánica produce un efecto de verdad, nos coloca en la escena y sentimos que aquello que nos muestra lo vimos con nuestros ojos. Operación que esconde el hecho que estas imágenes son el resultado de un encuadre intencional: *alguien nos muestra algo desde algún lugar.*

El invento del cine inaugura una nueva forma de ver y mostrar. Las poblaciones adquieren presencia en las pantallas del mundo. La audioimagen en movimiento domina y absorbe a las anteriores formas expresivas. En la década del 60' la televisión pasa a ser la protagonista de la escena de los medios masivos. Se introduce en los hogares y en la constitución de todo lo referente a lo social, porque todos entramos en contacto con los objetos, los lugares, los afectos, los placeres y los dolores a través de sus mensajes. La hegemonía televisiva convierte a la imagen audiovisual en la principal intermediaria entre nosotros y el mundo. La lectura de la realidad conseguida desde la subjetividad, seamos o no conscientes de ello, está hoy mediada por la misma comunicación y sus ausencias. Los dispositivos y formatos de la industria digital reproducen y expanden las mediaciones.

Los medios de comunicación disponibles en cada cultura constituyen una matriz orientadora en la formación de las preocupaciones intelectuales y sociales. Los medios audiovisuales han contaminado todos los modos de ver y vivir en las sociedades contemporáneas aportando simultáneamente, un discurso de pertenencia y categorías básicas de interpretación de la realidad - mundo. Constituyen el nuevo idioma de los humanos porque son los instrumentos tecno-argumentales que manejan las mayorías mundiales.

   Nos internamos en el bosque de las imágenes indagando procedimientos, semánticas, intertextos, estéticas y mezclas genéricas. Mientras lo hacíamos miles de productos, creadores y usuarios han modificado los ejemplos. Buscamos analizar e interpretar líneas matrices de las producciones audiovisuales desde el aspecto tecnológico, procedimental e identitario, en esto que denominamos estéticas de las semánticas múltiples como claves de producción y lectura de las plurales formas de expresión de la actualidad.

Octubre 2013

1. Travelling rápido

Mirada en movimiento sobre el lenguaje audiovisual. Nacimiento y crecimiento de los modelos comunicativos cinematográficos

Iniciamos un trayecto a la manera de un travelling subjetivo sobre distintos momentos de la aparición, transformación y persistencia de los lenguajes audiovisuales.

En 1895[1] nace el cinematógrafo como curiosidad, una maravilla más del optimista último tercio del siglo XIX. Es heredero de las experimentaciones en óptica que habían comenzado con la fotografía. Este lenguaje propio del siglo XX comparte saberes con la física y la química (color-sonido-óptica-electricidad-revelado), con la historia del arte (estilemas, formas pictóricas, escuelas) y con el teatro, por las podero-

---

[1] El 28 de diciembre de 1895, en París, se realizó la primera proyección pública de este nuevo Arte. Entre las primeras películas presentadas se encuentran *La Salida de las obreras de la Fábrica Lumiêre, La llegada del tren a la Estación de la Ciotat* y *El desayuno del bebé*. Eran registros de temas cotidianos, muy ligados a la vida moderna. *El Regador regado* es considerado el primer gag del cine. Para los hermanos Lumiêre el cinematógrafo tenía como objetivo mostrar instantes de realidad, dando forma al documental y al cine realista. Los camarógrafos de Lumière, recorrieron el mundo tomando imágenes e imponiendo el invento.

sas razones de ser dos formas de lo audiovisual y compartir actores. Al ser un medio de comunicación masivo intercambia procedimientos, sistemas y contenidos con los demás

En pocos años sus formas expresivas se separan del Teatro y de las Artes Plásticas. Su historia, es una sucesión de transformaciones y replanteos: la invención de un lenguaje nuevo, las incorporaciones tecno-semánticas (movimientos de cámara, sonidos, color), las rupturas vanguardistas[2], la propuesta neorrealista y las búsquedas neo-vanguardistas. Pero, tal vez, lo que le otorga el éxito arrollador que le reconocemos fue que el hombre común comienza a verse reflejado en las pantallas. Ese espacio de proyección de sueños e identidades de las sociedades modernas, al que se accede mediante las nuevas formas de percibir el mundo.

La percepción es el proceso mediante el cual la conciencia integra las impresiones sensoriales sobre objetos, acontecimientos o situaciones. Implica una

---

[2] Las vanguardias históricas son corrientes estéticas de la primera mitad del siglo XX, que pregonaban el culto a la novedad y el rechazo al pasado. Entre las obras fílmicas podemos nombrar *Entreacto* (1924), dirigido por René Claire, con guión de Francis Picabia y música de Erik Satie, *El perro Andaluz (1929) y La Edad de Oro (1930)*, realizadas por Luis Buñuel con colaboración de Salvador Dalí. Los aspectos oníricos del surrealismo encontraron en el cine una nueva forma de expresión. En Alemania, el expresionismo cinematográfico dejó films, entre los que se destacan: *El Gabinete del Doctor Caligari (1920), El Dr Mabuse (1922), El Golem (1920) y Nosferatu* (1922). En Rusia, Serguei Eiseinstein experimenta con el montaje dialéctico y nos provee de films potentes como *El acorazado Potemkin* (1925) y *Octubre* (1926).

elaboración e integración de los datos que recibimos por los sentidos a nivel mental. Por lo tanto, es un acto de conocimiento humano que se activa frente a nuestra experiencia con uno o varios objetos. Mantenemos una exploración activa porque continuamente ejercemos actos de percepción mientras investigamos nuestro entorno y así, elegimos a cuales prestarle atención mediante mecanismos de selección. Existen otros, que si bien ingresan a nuestro caudal de percepciones no pueden ser encuadrados dentro de lo que consideramos "percepción activa", ya que son incorporados desde niveles inconscientes: algunos elementos sonoros, ciertas convenciones icónicas, las características de habitus[3] y los tópicos semánticos. Simultáneamente en esa misma acción, procedemos a simplificar para extraer las formas más sencillas que nos permitan los elementos dados. Luego, esa sencillez será complejizada por los actos de abstracción del lenguaje y la inclusión dentro de un determinado contexto.

La percepción no es una suma de sensaciones. Nuestra cultura nos va formando en un cierto tipo de organización perceptiva, donde las sensaciones están integradas. Según Clifford Geertz la percepción está socialmente elaborada. Esto significa que nunca percibimos en blanco, solo podemos hacerlo a partir de nuestros conocimientos previos. Tampoco es posible

---

[3] El término *habitus* fue acuñado por Pierre Bourdieu para significar los saberes y costumbres que se incorporan desde los ambientes de nacimiento, familia, escolaridad y barrial.

percibir un objeto aislado, sino que siempre es un objeto culturalmente insertado. En las imágenes audiovisuales la percepción e interpretación de las audiencias está modelada por una serie de inductores que activan los mecanismos culturales.

Los films, nuevos artefactos culturales de entretenimiento didáctico, crecen en el gusto del público y llegan a formar parte de las vidas. Se convierten en vehículos privilegiados de valores sociales, normas, productos y estereotipos. Y después de la Primera Guerra Mundial las masas asumen conscientemente su representación en las pantallas4.

En Alemania y Francia las intenciones didáctico normativas se disimulan en la ficción. El cine ruso, a partir de 1917, produce films de intención didáctica y propagandística. En Argentina donde hemos sido precursores del cine y si otras hubieran sido las políticas de protección y difusión de nuestro patrimonio cultural en otros tiempos, muchas de nuestras producciones hoy serían famosos baluartes de la Historia del Cine Universal. El último malón (1918) de Alcides Greca, que se adelanta en cuatro años a Nanook el esquimal (1922) de Robert Flaherty, considerado el primer documental cinematográfico. El film nacional no solo instruye al público sobre ciertos hechos desconocidos de costumbres y actividades, por ejemplo: la caza del yacaré en los ríos mesopotámicos o la vida de las poblaciones mocovíes, sino que

---

[4] Recordamos el impacto que produjo el film *Sin novedad en el frente* (Lewis Milestone: 1930)

planta la simiente de filmación sobre las comunidades autóctonas y la fusión entre documental y ficción. Recordamos que El Apóstol (1917) de Quirino Cristiani fue el primer largometraje de animación de la historia, lamentablemente perdido. Más extraño aún, considerando la época, la mentalidad y la censura, es el caso de Afrodita (1928) de Pierre Marchal, un film basado en el erotismo y la sensualidad, estrenada en sala en inusual clandestinidad.

Mientras tanto el cine de Hollywood comienza a consolidar el modelo de producción industrial cinematográfico, denominado Modelo de Representación Institucional (MRI). Este modelo de producción y recepción establece un conjunto de estrategias: el sistema de estrellas (el actor que el público reconoce y sigue), la estandarización de los temas, la utilización del banco de imágenes, el montaje paralelo[5] y la paulatina extensión del largometraje.

Este sistema consigue en poco más de treinta años, instalar un lenguaje que alcanza gigantescos aspectos de difusión y una importantísima fortaleza y contundencia. Lo logra combinando dos elementos: un narrador privilegiado y un estilo de filmación conocido como indirecto libre, con capacidad para narrar desde un sujeto personaje o desde un "decidor" omnis-

---

[5] David Griffith (1874-1948) es considerado el padre del cine moderno por el enriquecimiento que produjo en el lenguaje, siendo el creador del procedimiento de montaje paralelo. En *El Nacimiento de una Nación* (1915) incorpora el montaje alterno y en *Intolerancia* (1916) introduce el recurso del montaje paralelo que instala la simultaneidad temporal.

ciente (la cámara). Esto le permite convertirse en "un nadie" (la imagen se cuenta sola) y también en "unos todos" (la cámara saca lo que tiene delante). Este tipo de filmación alternativa y simultáneamente "objetiva" y "subjetiva" otorga a las narraciones una interpretación inducida y al mismo tiempo, una credibilidad casi irrefutable. Este potente dispositivo unido a un cada vez más amplio archivo de imágenes, a los cuales los estudios cinematográficos tienen acceso, se le suma el caudal que significa el sistema de estrellas (Star System), empleadas como texto y modelo a la manera de los antiguos nobles, y, la utilización de una estricta diferenciación genérica (drama, comedia, melodrama, terror, suspenso, etc.). Un género es una conjunción de situaciones y de individuos en torno a una similitud temática, una estética visual, un código de acción y un campo de verosimilitud. Es a la vez, molde de producción, formas de recepción y mecanismos de expansión.

La cultura occidental nos acostumbró a considerar una división tripartita de lo genérico: la épica, la lírica, y la dramática. Acordamos que todos los mitos son relatos para dar una visión macro de los orígenes, de los sistemas de dominación y de las obligaciones en las relaciones sociales y laborales. Desde allí en adelante y según las necesidades de los poderíos de turno se irán perfilando los tres primeros géneros: la épica para ejemplificar, la lírica para premiar, y la dramática para enseñar. Los dos primeros géneros son emulativos y el tercero normativo.

Con el paso de los siglos y mientras el cristianismo va haciendo olvidar a los politeísmos paganos, los géneros se refuncionalizan, la lírica en plegaria, la épica en moralidades y la dramática en milagros. Todos reunidos mediante el dogma explicativo de la Biblia.

Con el advenimiento de la Modernidad los géneros vuelven a transformarse y crecen y, se multiplican poderosamente. En el Barroco, desde Dante Alighieri, Cervantes y Shakespeare, el género por excelencia es el dramático representando "el mundo como teatro"6 y a partir de él, los géneros se irán afirmando. Es decir, adquirirán nuevos perfiles y diferenciaciones al unirse a discursos ensayísticos y autobiográficos.

Todos los géneros que habían venido creciendo en la cultura occidental (épica, lírica, dramática, tragedia, comedia, milagros, moralizaciones, ejemplificaciones, melodramas y realismos) a partir del Congreso de Berlín de 1885 se incorporan a las literaturas masivas y, son los materiales constitutivos del cine. Los ímpetus de los emprendimientos industriales consiguen que las poblaciones sean consumidoras activas de esos géneros propuestos, luego convertidos en industro-cinematográficos.

Es necesario aclarar que los modelos genéricos casi nunca pueden mostrarse en estado puro ya que en cada país o cultura y en cada etapa histórica se particularizan. También resulta imprescindible consignar, que revisten un estilo a todas luces normati-

---
6 El Siglo de Oro español y el teatro Isabelino enmarcan la mentalidad de la alta modernidad, el teatro como representación del mundo.

vo para los grupos, en lo que hace a búsquedas de consenso y consumo. Además son los encargados de la desactivación de mecanismos contraculturales. Su función es primordial en las esferas individuales y grupales. Su asimilación trae consecuencias en las actitudes que conllevan a una determinada axiología y a su consecuente praxis.

Terminada la primera contienda mundial y su depresión -Wall Street el crack de 1929 - soldados y civiles asumen su representación en las pantallas de los cines en Occidente. Los géneros se visten en films de campesinos, de fabriqueros, de gremialistas, de profesionales, de mujeres trabajadoras. Se prepara así el terreno para el advenimiento de nacionalismos de masas. Martín Barbero (1998) dice, refiriéndose a Latinoamérica durante la consolidación de los nacionalismos, que la gente "no acudía al cine sólo a entretenerse sino a aprender a hacerse argentino, mexicano, brasileño. En Europa situaciones similares se viven durante las formaciones del Fascismo y del Nazismo.

Transcurridos los años 30´ los filmes consiguieron seducir a las poblaciones. Según Stuart Ewen (1988) "Los estilos de vida de los ricos y famosos, sus hábitos de consumo, proporcionaron una forma seductora y siempre visible de entretenimiento popular (...) En Latinoamérica las filmografías siguen los ejes de prototipos populares locales y los países viven escalonadamente su momento de gloria. En Argentina, en la década del 30, se forma sobre la figura del cantor de tangos, que se vuelve un personaje ubicuo entre el campo y la ciudad, entre el malevaje y el niño mimado de las burguesías. En México, en la década del 40, el eje se apoya sobre los hechos de la revolución de 1910 y en sus prototipos: rancheros, charros, soldaderas. En Brasil, en la década del 50, se asentará sobre los tambores de la música del samba y sus bailarines. Todas estas variaciones se asentarán sobre un género de base, el melodramático.

A partir de los cuarenta, cuando crece la difusión de la producción de Estados Unidos, se va impregnando, con la inclusión de los sectores medios, de sueño americano a las conciencias latinoamericanas. Para conseguir esa adhesión, se fueron perfeccionando los sistemas industriales de la imagen, dedicada de lleno a las normativas sociales enmascaradas de entretenimiento.

La argamasa de solidez del constructo MRI está dada por un rígido mecanismo de censuras y obligaciones, implementado con modernas tecnologías que llevan a la industria cinematográfica a la cúspide de la época en expresiones comunicativas.

Este modelo se afianza aun mediando el peso de las críticas fogosas que desde la misma industria llevaron adelante artistas de la talla de Charles Chaplin (Tiempos Modernos,1936) u Orson Wells (Ciudadano Kane, 1941).

Las películas se agrupan en aquellas que hacen reír, llorar o soñar para los públicos. Como géneros se denominan comedia, melodrama, western, bélico, policial, de gangsters, etc.

El género melodramático presenta relatos de vicisitudes y anhelos de personajes femeninos. Son historias de pasiones desencontradas, de búsqueda de identidad, de chicas inocentes que "han dado el mal paso", de parejas interclasistas, de hijos perdidos y niños robados. Los personajes son víctimas del destino que se enfrentan a villanos terriblemente malos. Desde la escritura cinematográfica abundan los primeros planos de la heroína de la historia. No hay un solo modelo tenemos distintos subtipos, melodramas de madres, familiares, políticos, laborales, etc.

Los western son las historias épicas de la construcción del imaginario de la ocupación del oeste americano y la mostración de modelos a seguir. Generalmente son historias llevadas a cabo por hombres, las mujeres están en un segundo plano. Las armas aparecen en escena, se muestra la potencialidad e inmensidad de las extensiones, con sus peligros y riquezas. Es el hombre solo que se enfrenta con la adversidad del desierto y de los otros. El momento del climax es la guerra por el oro y la lucha contra el otro cultural. Dentro del film, el duelo es el momento culminante de este género. Es un género de gran arraigo y productividad.

El género policial es el paralelo al western en las ciudades. Son relatos donde se muestra el enfrentamiento del orden social, la corrupción y la presencia obsesiva de la ciudad. El cine negro incorpora los estereotipos de delincuentes y detectives privados y mujeres de mala vida. Desde el punto de vista de la escritura cinematográfica luces sombrías, efectos de claro oscuro, composiciones de cámara fuera de cuadro y cierta distorsión expresionista son sus rasgos diferenciadores. Esta estética se hace cargo del costo económico, se filma con material vencido por efecto de la falta de insumos ocasionada por la guerra.

El cine de posguerra hace su aparición con Roma Ciudad Abierta (1945) de Roberto Rossellini, y a pesar que el material de la película era de mala calidad, que los actores no eran conocidos y que adolecía de serios problemas de iluminación, su realismo era arrollador. El Neorrealismo preanuncia el advenimiento de las neovanguardias y dará un impulso a cinematografías diversas. Sirvan de ejemplo, los nombres de los grandes directores que cambiarán la idea que se tenía del cine: Buñuel, Antonioni, Fellini, Visconti, Bergman y en Latinoamérica, Hugo del Carril. Estos cineastas crearan un discurso personalizado y propondrán una clara visión artística a las producciones. Pero, a estas neovanguardias le sucederá lo mismo que a las vanguardias de los años veinte, ya que su visión tampoco podrá abarcar a las grandes mayorías, que se vuelcan a la televisión.

Mirando a la distancia podemos afirmar que este modelo de inducción a la compresión de las imágenes en movimiento es el texto de base para las sociedades que comenzaran a armar sus contextos a partir de la segunda mitad del siglo XX. Después de Hiroshima y

Nagasaki, los géneros cinematográficos adquirieren su mayoría de edad.

Durante la guerra fría, en Occidente se comienza a soñar con un mundo mejor. En el reinado de la fascinación escópica y acunado con los dulces cantos de sirenas de los "desarrollismos" hace su entrada triunfal en los hogares la imagen audiovisual televisiva.

2. Campo y Contracampo

Evolución de los modelos comunicativos audiovisuales: mezclas y fusiones

Establecemos una periodización de los medios audiovisuales, señalando tres momentos, entendiendo su historia de manera no lineal, con desplazamientos, convivencias y rupturas. El primer período se extiende desde la primera década del siglo XX hasta la quinta con predominio de lo cinematográfico. En adelante, se registra una expansión y consolidación del género televisivo como dominante en la instalación de los temas, subtemas y arquetipos de la realidad sociocultural. Los productos técnico-estéticos de estas dos fases pertenecen los denominados Medios Históricos[1] y al proceso de mediatización de la experiencia humana. Actualmente transitamos una tercera fase que nombraremos como período pantalla global, caracterizada con convergencia y mezcla de los Medios históricos con las nuevas tecnologías.

Las características diferenciadoras del primer momento son consignadas en el capítulo anterior. La segunda fase de esta periodización abarca la expansión

---
[1] Nombramos como medios históricos a la Prensa, la radio, el cine y la televisión.

de la producción cinematográfica, en tanto llegada a las poblaciones mundiales e incorporación de nuevas cinematografías y el predominio de lo televisivo.

A partir de la década del '60, comienza el estudio sistemático de la imagen cinematográfica - lenguaje y formas expresivas, duración y montaje- Se comienzan a analizar las propuestas de las vanguardias del '20 y, las rupturas, estilizaciones y experimentaciones de las narrativas de ciertos films de directores con reconocimiento de las audiencias. En este sentido se revalorizan las obras de algunos directores de género que pasan a ser consideradas obras de arte. Por ejemplo, *La diligencia* (1939) de John Ford produce la internalización del western, *Ciudadano Kane* rompe con la secuencialidad y la presencia de un punto de vista privilegiado y, anuncia la irrupción de la multimedia. El film *Intriga internacional* (North by Northwest) da comienzo a la nuevo espíritu de época de la guerra fría. El reconocimiento de la figura del director cinematográfico, con su estilo individualizado y su marca de autor en sus creaciones es estudiado célebremente por los *Cahiers de Cinema*[2].

Esto da nacimiento al denominado período del cine de autor, cuyos representantes iniciales son los directores europeos. Bergman, Resnais, Bertolucchi, Passolini, Antonioni, Rosellini, Fellini, Buñuel,Costa Gavras,....darán al cine films de clara experimentación técnica, de búsquedas y plasmación de lengua-

---

[2] Los Cahiers du cinema fueron revistas especializadas de cine , aparecida en Francia para la autoreflexión.

jes y de modelos narrativos en concordancia con los movimientos literarios y plásticos de la época. Con distintos niveles de adhesión pública las producciones de estos directores faro influyen en la renovación tecnoestética de la cinematografía mundial.

En el mismo período el crecimiento del cine de Hollywood se apoya en el uso de los adelantos técnicos y las diversificaciones genéricas y sectoriales. Progresivamente, de acuerdo al surgimiento de nuevos actores sociales surgen nuevos exponentes: cine de minorías, de género, de elecciones sexuales, el cine de jóvenes, de feminismos y de liberación de las minorías negras, de orientalismos de la nueva Era. La irrupción de los jóvenes y sus experiencias contraculturales da pie a un movimiento de expansión de productos y semánticas. Por ejemplo, *Easy rider* (Hopper, D.: 1969), film emblemático de esta generación es una road movie que expresa la movilidades y fronteras cambiantes. El film *El golpe* (Hill, George Roy:1973) inaugura el protagonismo del dinero en las producciones marcando su instalación como poder simbólico en los actuales sistemas culturales. Otra incorporación importante es la transformación del cine bélico como normativa heroica desde la derrota de la guerra de Vietnam. *Regreso sin gloria* (Ashby, H: 1978) y *Apocalisis Now* (Coppola, F: 1979) son exponentes de esta variante.

En los años siguientes se intensifican los paradigmas enunciados, junto con las transformaciones técnico-digitales y la conformación de los mercados globales de producción y recepción de filmes. Las realizaciones se componen de semánticas múltiples a pesar del molde genérico que las sostiene. El cine de ecología que presenta al planeta como víctima y victimario, el cine de los otros, el cine de reciclaje y parodia junto con grandes producciones de relatos simplistas y la proliferación de sagas y precuelas forman parte del universo cinematográfico.

Actualmente el cine se puebla de superproducciones y de experiencias, de pequeñas producciones. El cine independiente se consolida con sus festivales y circuitos. El documental y el cine de animación revisten un momento de expansión.

Interpelados por la cultura audiovisual, la vida de las personas se desarrolla cada vez más en las pantallas y el cine se convierte en matriz de la condición humana mediatizada. Lipovetsky Serroy (...) dicen:

> *"El cine aumenta su influencia global, imponiéndose como cinematografización del mundo, concepción pantalla del mundo resultado de combinar el gran espectáculo, los famosos y el entretenimiento. El individuo de las sociedades modernas acaba viendo el mundo como si éste fuera cine, ya que el cine crea gafas inconscientes con las cuales aquél ve o vive la realidad. El cine se ha convertido en educador de una mirada global que llega a las esferas más diversas de la vida contemporánea"*

Todo este período se encuentra atravesado por los signos de intercambio de procedimientos tanto sean de asociaciones de producción, como de utilizaciones técnicas diversas e incluso, la creación de empresas para la realización de un solo producto.

En simultaneidad la televisión, que se disfruta en la intimidad de los hogares en la década del 60', se convierte en protagonista del período. La televisión es una forma de espectáculo *in continuum* instalada en los núcleos familiares como un miembro influyente del grupo. Es un discurso cotidiano, permanente, omnipresente y valorado. Constituye el vehículo privilegiado de la presencia de la realidad[3]. Impone la posibilidad del presente inmediato por medio de una señal eléctrica donde el cine y con anterioridad la fotografía nos hablaban de un pasado.

Las tecnologías inventan objetos nuevos cuyas funciones sociales (los usos) no están predeterminadas. Ahora bien, una vez que el Medio de Comunicación se establece, para satisfacer una demanda, continúa funcionando dentro de un sistema de opciones. Los contenidos cambian o se desplazan (los contenidos del radioteatro a la telenovela), pero los viejos medios no son desplazados, se fusionan, se mezclan con la introducción de nuevas tecnologías. La mezcla y la convivencia de géneros y materiales de distinta procedencia son características básicas de los medios de comunicación. Los medios actuales son producto de una historia y llevan inscriptos interacciones, convergencias, huellas de formas mediáticas anteriores.

El medio televisivo es una estructura económico

---

[3] Tomamos este término en su dimensión coloquial.

–comercial, con múltiples emisores y formatos genéricos establecidos. Desde registros heredados de los géneros cinematográficos y al servicio del aparato publicitario no hay problemática social que no tenga su exposición televisiva. Los temas de interés social son actualizados en temas de agenda de acuerdo a criterios comerciales. La comprensión pública de estos temas es influida por el entrecruzamiento de informaciones propuestas por el mismo medio.

Tomaremos como ejemplos algunos formatos propios del lenguaje televisivo: el noticiero, la telenovela y los programas de concursos.

Los noticieros televisivos tienen sus raíces en la prensa gráfica, la radio y las actualidades cinematográficas. El registro de la realidad informativa es tal vez el género más antiguo de la expresión filmada. Su fuerza emana de ser considerado como si fuera la plasmación de la realidad. Su impronta propagandística acompañó: eventos, política, guerras, inventos científicos, descubrimientos. El procedimiento básico[4] consiste en seleccionar determinados hechos, soslayando otros. Es una suerte de camuflaje realizado con una intención interpretativa en la supuesta mostración desnuda de los hechos. Pero esa mostración surge a partir de una edición previa conformada por la agenda de los medios, hegemónicamente construida y administrada.

Una de las marcas distintivas es la presencia del

---

[4] Este mecanismo fue estudiado y consignado por Raymond Williams como *tradición selectiva*.

conductor, generalmente encuadrado en un plano medio y mirando a cámaras (gesto que va unido a un aspecto físico formal y neutro) inductor de la construcción de la realidad. La técnica audiovisual completa la operación mediante la música, videographs y testimonios documentales siempre acompañados por anclajes verbales. Esta combinatoria de elementos son las marcas de reconocimiento del género, el cual es consumido de acuerdo a un contrato de lectura que incluye factores tecnoideológicos. Este tipo de programa ocupa las bandas horarias centrales en los canales de aire. Es un género en constante mutación y crecimiento, prueba de ello es que en la televisión por cable existen canales exclusivamente de noticias. En el medio internet se adapta a las formas de selección y personalización de los consumos de los usuarios, es decir que se reproducen para los consumidores del medio las informaciones que se pasan simultáneamente por la televisión, con la posibilidad de realizar adaptaciones para el target de los cibernautas, consumidores ávidos de noticias e intervenciones. Estos participantes que supuestamente gozarían de una recepción más personalizada y exclusiva también consumen las publicidades y selecciones de notas – del medio en cuestión y de los que están asociados en lo multimedial - que tienen su difusión por sitios de Internet.

 La televisión latinoamericana crea un género propio de gran repercusión social: la telenovela que tiene raíces en el melodrama del siglo XVIII, el teatro costumbrista, el melodrama cinematográfico, el folletín y el radioteatro. Si bien la telenovela cambió en estos años e incorporó nuevas temáticas sociales, adaptaciones de los roles clásicos, y, mixturas con otros géneros de ficción televisivos, mantuvo el desnivel de los roles protagónicos y sigue apoyada en un trípode estructural en las tres vertientes temáticas principales. Las cifras o las metáforas de *La Cenicienta, El Conde de Montecristo* o *La Dama de las Camelias*.

A este género lo ampara la lucha que significa hacer triunfar al amor sobre otros valores. Y es, mediante mejores recursos escénicos con incorporaciones contextuales de la cotidianeidad, como el tema central de la identidad, la filiación, la diversidad étnica y la elección sexual. Todos estos tópicos de actualidad le hacen adquirir nueva solidez y extensión. Sin embargo mantiene las diferencias de sector social de los protagonistas, sin que se presente una franca lucha de clases sino por el contrario hay una afirmación de los valores establecidos y un denodado esfuerzo por el ascenso social. Los representantes de las culturas populares son mostrados desde el pintoresquismo o folclorismos y remiten a modelos esquemáticos.

Los programas de concursos, destrezas, han modificado sus características y valoraciones. En sus inicios los participantes respondían sobre cierta temática, la cual debían dominar. A medida que se iba contestando, las preguntas se hacían más difíciles y el premio a ganar - o arriesgar - era mayor. Había un jurado de notables, un escribano y un presentador serio, mediador entre los notables y el participante. Se podía ver el ritual escolar de ascenso al saber y la metáfora de una sociedad que recompensaba un tipo de conocimiento memorístico y enciclopedista.

En los programas de concursos actuales ya no se premia un saber disciplinar, de tipo escolar u académico sino la rapidez, la astucia, la improvisación, la respuesta jocosa o, lisa y llanamente, el puro azar. Todas estas habilidades coadyugan a un modelo de sociedad donde se premian este tipo de valores.

Los géneros audiovisuales sufren una evolución a lo largo de los años ya sea por sus recursos estéticos y tecnológicos, por la aparición de nuevas temáticas e indudablemente, el surgimiento de distintos intereses y liderazgos. Las formas genéricas que asumen semejan alianzas, absorciones, fusiones, resaltamientos, préstamos y negaciones; en una proporción de complejidad que también resulta inestable e irregular. Por lo tanto se producen contaminaciones de unos sobre otros, convirtiendo a los géneros en verdaderos conglomerados con la particularidad de no perder su esencia inicial que, si bien encubierta, es potencial.

Hoy en día resulta compleja la taxonomía de los géneros televisivos actuales, dado que están continuamente variando su esencia constitutiva, hibridándose con otros géneros y con diferentes niveles de realidad y cita intertextual. Esta "nueva" composición es azarosa y diversa, puede emanar desde la divulgación científica hasta la renovación genérica pasando por los modelos legalizados y proscriptos. Un género rebota en otro y ambos contra los contextos, a la manera de un *pinball* mediático.

Una muestra elocuente de esta estrategia discursiva es la presencia de un tema en la programación de un día en el canal. Vemos que ese tema seleccionado como articulador contamina toda la programación que se produzca en vivo, mediante repeticiones y variaciones. De esta forma, hacemos notoria la calificación de heterogéneo (varios géneros) encubriendo un discurso continuo y homogéneo de la emisión televisiva. Los inmensos combates de las empresas o grupos de empresas por las bandas horarias o temáticas preferenciales - siempre en búsqueda de espectadores/ consumidores potenciales - hace que la valorada característica de heterogeneidad sea encubierta por la de multiplicidad. Otra forma de enmascarar la fragmentación social.

La televisión es una estructura tecno- semántico-económica que conforma un gran aparato de ventas. Dentro del flujo televisivo todo está en venta: productos y servicios como formas evidentes e ideas, tendencias, sentidos, modas, temas e inducción de necesidades. El género publicitario, legitimado por la estética Pop, que registra las mayores innovaciones estéticas forma parte indisoluble de la televisión. Tiene presencia por su frecuencia de emisión, sirve de espacio de prueba de los consensos y a partir de él, se articulan muchas programaciones, formatos y productos audiovisuales. Sus unidades son el comercial y su exponente paradigmático es: el video clip.

El comercial o spot publicitario podría considerarse como la cara visible del macro discurso publicitario. Su efectividad es inmensa y su crecimiento ha marchado en forma paralela a los adelantos científicos y tecnológicos. Su filiación máxima es la de la fragmentación excesiva y prenuncia las estéticas del video clip. A pesar de la verosimilitud que imprime el movimiento y las angulaciones de cámara obturan a la decodificación estética, mientras que respecto a lo normativo mantiene las mismas características señaladas para las audioimágenes de ficción. Los segundos que duran los mensajes son los principales exponentes de la fragmentación en la representación que a su vez se solidarizan con la ilusión de continuidad emisiva.

El video clip es un género que nace junto al hipertrofismo musical. Cada uno de ellos puede utilizarse para promover tanto un tipo de música, como un cantante o un grupo consagrado o desconocido. Está asociado a los movimientos globalizadores. Por su intermedio se extiende una popularización de las formas neovanguardistas y, en consecuencia, caen o se repliegan, todos los elitismos expresivos, que se mezclan babélicamente. Es un género de amplia difusión que aparece justamente en el momento en que el crecimiento de código sonoro contamina de la mano de la canción, el habla. Está tan unido al componente musical de las audioimágenes que parece importante señalar que se denomina: "tema". Este género es ampliamente difundido porque es identificatorio de las mentalidades planetarias, que busca una filiación en medio de una dispersión incoherente de sentidos y de imágenes. Como medida compensatoria, procura afirmar identidades individuales y grupales que asumen los términos de una cultura simultáneamente local y global. Este proceso se repite no sólo con los materiales sino también con los repertorios y los circuitos, donde las historias que cuentan no necesitan ser solidarias con los títulos que les dan vida.

Dentro de las recientes incorporaciones a este género encontramos a los programas de venta por televisión. Son dispositivos explícitos de mayor duración que los spots publicitarios. Estos micro programas son catalogados en las comunicaciones coloquiales como pertenecientes a estéticas tan lejanas como similares, como son el kistch y el camp[5], e incluso aparecen opiniones que los catalogan como hiperrealistas. Estos programas tienen características de patrón fijo, basados en un esquema que incluye testimonios "de un antes y un después" del uso del producto, una justificación profesional, una promesa a futuro, y una cara responsable (creador del producto o empresa que lo produce). Estos formatos ponen en evidencia los items básicos de la publicidad: la promesa, la justificación, el beneficio y el valor simbólico de los

---

[5] Denominamos kitsch a objetos ligados a la copia y la vulgarización de estéticas. Con el término camp se define como lo contrario, al descontextualizar a un solo objeto kitsch se le otorga un plus de valor.

objetos frente a los deseos de inclusión de los espectadores.

Otros géneros que se ocupan de disponer las ventas de productos pero en forma implícita son también creadores de deseos, sentimientos y adhesiones. Son programas que se transmiten tanto por la televisión abierta y por cable. Temáticas gastronómicas, hogareños, decoración, costumbres domésticas, modificaciones corporales, cuidado del cuerpo y la salud, moda y aspecto personal, turismo y mascotas son los rubros más afectados. Se suman aquellos que con distintos formatos se ocupan de lo histórico, lo étnico, lo científico, lo geográfico, la fauna, la flora, la medicina. Estas divisiones corresponden a lo que dice Umberto Eco sobre el masscult (productos masivos dirigidos al gran público) y el midcult (productos masivos pero dirigidos a un público con otro capital cultural)[6].

Resultan notables los intercambios entre la televisión y el cine. Asistimos a una verdadera inversión entre los motivadores de los géneros, y así como la popularización de los literarios del siglo XIX fue absorbida por el cine; la televisión es muchas veces generadora de muchos films, a los que financia. A su vez estas líneas expresivas se fusionan y se crean géneros que tienen su exposición tanto en la televisión, en las tecnologías portadoras domésticas y en Internet.

El making of y el backstage son fusiones entre

---

[6] Esta clasificación pertenece a *Apocalípticos e Integrados* (1995).

documental y publicidad. Géneros crecientes que develan la extra-escena, que pasa a figurar como la realidad de la ficción. Es la mostración del fuera de campo como artificio por medio de otro artificio. Los componentes de esta fusión pasarían a cumplir roles cruzados puesto que la parte ficcional constituye el tema del documental y la parte publicitaria encubierta es la parte referencial y un nuevo fuera de campo. Se produce una nueva fragmentación de la realidad, cada fragmentación de la realidad otorga un nuevo verosímil. En el making of la fusión está evidenciada. Se utiliza una textura típica de filmación y un formato de entrevista tipo. El interpelado siempre mira a cámara, el entrevistador es una voz en off señalizando la función testimonial. Un aspecto nuclear del género es el develamiento del trucaje, del simulacro del cine que otorga nuevos aspectos de verosimilitud. Además abona la función tecnocrática, con el consiguiente afianzamiento de los sistemas tecnológicos: dialoga con el reality show y con el entramado de los nuevos géneros. El trailer es una variante publicitaria cuya función es despertar el deseo de consumo del film. Introduce la intriga del film, los códigos de verosimilitud y la estética utilizada. Circula tanto en las salas de cine, en los avances de los DVD como por la red.

En un tercer nivel de profundidad, en lo que hace la venta, están aquellos que además se ocupan de vender ideología en forma tácita y explícitamente tecnología. Generalmente asumen los géneros de ficción y su híbrido, el reality show.

Los distintos programas de los reality se construyen en torno a variadas temáticas o vertientes de intereses. Pueden utilizarse escenarios abiertos o cerrados, tiempos no determinados o claramente pautados. Su altísima capacidad de reformulación con la realidad mediática y el atractivo siempre renovado de la promesa de interacción social, los convierte en programas ampliamente redituables a nivel económico y además poseen la particularidad destacable, que a partir de ellos la televisión deja de ser el lugar de las estrellas para dar entrada a la gente común con aspiraciones y fantasías. Posibilidad ansiada por la industria ya que permite en un solo gesto minimizar el gasto en las contrataciones de figuras y cambiar continuamente de personajes, aumentando la fragmentación e impidiendo la construcción crítica que implica todo conocimiento. Esta mezcla que ensaya una química con ingredientes épicos, melodramáticos y lúdicos, instala en las conciencias unos productos que son mucho más, que algo ocasional en las pantallas.

Se incluyen en la categoría los subgéneros: familiares, corporativos, profesionales, de elecciones sexuales diferentes, grupos de amigos, multiétnicos, de comunidades. También están aquellos que sin ser históricos en el sentido tradicional se ocupan de recrear las distintas épocas de los últimos cincuenta años, en una amalgama interpretativa que los muestra como homenajeados aunque también como nostálgicos pero, siempre superados.

Se suma a este último grupo el principal de los géneros de emulación y por ende, de venta de ideología: el deportivo. Este subgénero posee canales especiales, integra los titulares de los noticieros, posee un léxico explicativo y cronistas especializados. A la vez funciona como encubridor del discurso político y exponente del discurso nacionalista.

A las luces y las sombras del imperio de los medios masivos, aparecen los géneros de fusión. Se observa en las vertientes actuales de los policiales, variaciones interprocedimentales que antes conocíamos como indicios. Las llamadas "pistas" se convierten en un elemento de análisis pseudo-científico que remite al paradigma cultural biológico experimental y a la divulgación de sofisticadas tecnologías de vigilancia y de control. La utilización de planos de amplificaciones microscópicas o secuencias de simulación informática, que no tienen visibilidad en el género canónico y en lo cotidiano es hoy, una de las formas de constitución genérica. Es importante señalar que la presentación de estos planos se plasman con el dramatismo que siempre caracterizó al realismo. No son distanciadores sino involucrantes. Estaríamos en presencia de un género policial biológico representado en la frase el ADN se homologa a la huella digital.

Esta situación de fusión se produce también con las geografías utilizándose una misma matriz estilística argumental para diferentes programas. La serie CSI en sus tres versiones Las Vegas, Miami, New York pueden ser tomadas como ejemplos. Estructuralmente iguales, con la misma cantidad de personajes y funciones, en distintos escenarios y climas para abarcar a diferenciados nichos de consumidores-receptores de diferentes intereses y necesidades. Equipos de buceo y mañanas luminosas en Miami para poblaciones latinas, hoteles temáticos en noches ostentosas para poblaciones blancas en Las Vegas, cosmopolitismo y memoria en la ciudad de Nueva York. Estas series actúan como dispositivos de regulación y control a la vez que como voceros de difusión cultural. Funcionan a su vez como publicidades de ciudades, tecnologías, armas, consumos, marcas y extienden un discurso admonitorio.

En el documental histórico-policial los contenidos del policial se mezclan con la investigación histórica, antropológica, geológica, artística, médica, especulaciones científicas y discursos conspirativistas. Los programas de los canales de cable History Channel, Discovery son claros testimonios de esta fusión genérica. Se incorporan a las producciones la utilización de literaturizaciones mezcladas con supuestos antropológicos y/o arqueológicos, plagados de reduccionismos, recreaciones, digitalizaciones, collage y testimonios de especialistas que avalan la interpretación propuesta como verdadera. En los últimos tiempos hemos visto la complejización de este género por la cantidad de intertextos míticos que se han ido agregando, haciéndolo ganar en permanencia expositiva.

Las formas de comunicación mediática audiovisual modificaron la percepción de las imágenes y, de las ideas. La lectura de la realidad conseguida desde la subjetividad está mediatizada. Es decir, existen quienes hablan y muestran, desde diferentes lugares, géneros, formatos y ángulos. Las redes mediáticas e informáticas funcionan como orientadoras de la visión y como líneas de fuerza que pretenden instaurar una matriz que enmarca un modo de estar en el mundo, de entender, de significar y de relacionarnos. Sus mensajes son comprendidos y asimilados por los públicos según una particular enciclopedia de saberes y expectativa social con diferentes proporciones de redundancia, innovación y normativa. Las claves de lectura con sus reescrituras, desplazamientos e innovaciones son asimiladas por el mismo consumo cultural de sus productos.

A pesar de la novedad de algunos formatos de comunicación multimedial y de sus formas de circulación, los aspectos constructivos e interpretativos dependen de los lenguajes, convenciones y matrices semánticas de los Medios de Comunicación audiovisuales tradicionales: el cine y la televisión.

Actualmente transitamos el período pantalla global, caracterizado por la convergencia y mezcla de los Medios históricos con las nuevas tecnologías. Los entornos digitales acentúan la participación en esta experiencia-mundo con el incremento de la posibilidad de producción, circulación y difusión de imágenes industriales, artísticas y las realizadas por las personas comunes.

En Internet circulan materiales audiovisuales industriales – fragmentos de films, series, etc. (compartidos por los seguidores y por la misma Industria)- multiplicándose de esta manera la circulación de las producciones en otro espacio. Pero también en la Red ingresan las producciones de los hombres comunes. Esto muestra la capacidad de absorción de formas de comunicación y de archivo de Internet.

Hoy en día las audiencias no son homogéneas. Los vínculos que unen a los públicos con las producciones audiovisuales se basan en la emoción, en el contacto, en la identificación. La característica de la transformación en los consumos consiste en la descentralización de la emisión, con la inserción de los receptores en el sistema como programador y emisor. En estos consumos fragmentados las audiencias adquieren relativa autonomía, que se manifiesta de maneras antagónicas: por un lado lo induce a un individualismo que cree emancipador y, por otro, lo sumerge en una intensa sensación de indefensión. Esto lo conduce a integrarse provisoriamente en plurales tendencias.

3. Sellos de la cultura: la instalación. Claves de lectura mundializadas

> *"Los medios han hechos cambios profundos en la humanidad y por ende en la formación humana".*
> Walter Benjamín

Vivimos en un mundo de imágenes y sonidos transmitidos ininterrumpidamente por los Medios que irradian conocimientos, informaciones, modos de conducta y respuestas a los hechos de la vida. A través de ellos, todos nosotros asimilamos esos métodos comunicativos como algo cotidiano y "natural", como la palabra directa de persona a persona. La comunicación audiovisual es un complejísimo entramado de lenguajes expresivos tanto implícitos como explícitos que están confeccionados con una multiplicidad variable de códigos, que se amalgaman en proporciones también variables.

Las audioimágenes y sus relatos, a pesar de la complejidad de su elaboración, circulan planetaria y vigorosamente tanto en países centrales como periféricos sin mayores problemas de comprensión. Casi todos los receptores creen y/o suponen que captan aquello que se les dice y muestra. El ejemplo paradigmático es el éxito mundial *Los Simpson* porque los elementos que contienen en sus diferentes episodios tienen que ver con cada uno de los tópicos y estereotipos del momento actual.

Para que esta posibilidad de lectura se mantenga dentro de poblaciones con marcadas diferencias económicas, culturales y socio generacionales, es necesario que los códigos semánticos de articulación no se presenten como demasiado complejos; deben ser pocos y amplios. Porque necesitan transitar sin tropiezos de significación, para cumplir con su tarea primordial: instalar en los imaginarios los temas, sub-temas, cifras y protagonistas de la llamada realidad. Forman una serie de convenciones que funcionan como referencias en el horizonte de la mundialización como léxico y memoria masiva.

Los estereotipos

Una de las formas más utilizadas para conseguir los objetivos precedentes es la incorporación de estereotipos, que cristalizan determinados sentidos sociales e ideológicos y cara visible del sistema comunicacional mediático e interpersonal. Funcionan como síntesis y caracterización; siendo los encargados de implementar las modas y desusos de los productos culturales y sus representaciones.

Esta construcción constante de personajes y modelos, tanto positivos como negativos, y en los que, determinados tópicos pueden pasar de una valoración a otra en poco tiempo se caracteriza por ser una presencia aparentemente efímera, que en la diacronía se muestra persistentemente durable.

Hay una selección de imágenes - en su sentido extenso - con una clara intención axiológica sobre actitudes, consumos, costumbres, tradiciones que pueden elevar o estigmatizar tanto a individuos como a grupos, productos, géneros o naciones.

Todos hemos incorporado la idea de familia tipo con un padre que trae el dinero a la casa y una madre que cocina, lava y plancha. Aunque hoy entendemos a la familia con otras cualidades y diversificaciones, es a este modelo de familia al que nos referimos. Este modelo es una estilización de las costumbres de la foto de la familia burguesa decimonónica para las masas.

Dos procedimientos son fundamentales para la incorporación de los estereotipos: los conocidos mecanismos de identificación y proyección[1]. Tanto el uno como el otro, resultan estructurantes de las personalidades y las conductas. Sabemos que los Medios necesitan control y consenso para su desarrollo por eso persisten en mantener a los espectadores en una alternancia continua de ambos procesos. Para esto recurren a mecanismos probados a lo largo de los si-

---

[1] Los términos de identificación y proyección son entendidos en su sentido primario : *ése que está ahí soy yo o puedo serlo, ése que está ahí no soy yo ni nunca lo sería*.

glos en las representaciones del "bien y el mal" o sus personificaciones de héroes y villanos.

La identificación y la proyección (amigo- enemigo) necesitan lapsos que impliquen distancias y que son los que otorgan diferentes efectos: el llanto, la risa, el enojo, el miedo, la sospecha. El uso continuo de estos procedimientos de gestación de sentimientos mantiene la estructura ampliando sus variantes e incorporando dualidades: lo sano y lo enfermo, lo pacífico y lo violento, lo inocuo y lo nocivo.

Un tercer procedimiento es la personificación; generalmente clasificada como figura retórica. Se incluye aquí porque implica la apropiación del objeto por el espectador, y para esto acordamos con García Canclini (1995), al considerar al sujeto como consumidor.

La personificación nos remite a la asimilación cultural, porque en nuestros días el mundo de la cultura es el mundo de los objetos. Lejos quedaron las épocas en que descifrar el objeto simbólico era lugar de placer, hoy, es la posesión del objeto. La fruición por su posesión es la que produce un goce instantáneo y fugaz.

Sellos de la cultura

En la cultura existe un léxico de base, suerte de matriz o troquelado, de las apropiaciones simbólicas. Es mediante la activación que producen los deícticos de la imagen, que logran que se asimilen – "naturalizado" -al codificador arcaico: el intertexto mítico.

Los símbolos culturales participan de un carácter bifacial, establecido genéricamente, y por eso cada uno de los elementos lexicales que se detallan a continuación intervienen en las producciones mediáticas en su doble carácter generativo, es decir: tanto en su faz tranquilizante, como de alarma.

Dentro de los emblemáticos podemos nombrar a **la manzana.** Signo que abarca desde su categoría de fruto comestible hasta la de representación simbólica de variados sentidos: erotismo, tentación, trasgresión, pecado, soborno, veneno, traición etc. En un ejemplo de este tipo es posible seguir sus sentidos semánticos desde la Biblia hasta el logo de Apple Machintosh.

La manzana como símbolo es, la de la discordia: lucha entre las diosas por la belleza[2]. Es la de la tentación de la serpiente a Eva[3]. Desde su condición como código de base de la humanidad (hombres y mujeres) remite al aspecto erótico.

En una variación adjetiva al contexto y en la otra lo sustantiva. Puede ser tanto la tentación de todos o la sabiduría de uno. Todo uso de la manzana como referente emblemático- objetual va remitir simultáneamente a lo evidente y a lo histórico.

El árbol funciona como el elemento fijador del es-

---

[2] Paris, el troyano será el encargado de entregar el premio. Se lo da a Helena, una mortal.

[3] El haber caído en la tentación arrastra a Adán del paraíso terrenal.

pacio por excelencia, por algo es el primer altar, los postes, monolitos, obeliscos, troncos, cetros, falos. Es el modelo explicativo y organizativo de familia y de mundo, desde el árbol genealógico hasta las estructuras arborescentes gramscianas. Los árboles son los encargados de ser las representaciones de cualquier institución. Desde su aspecto biológico es considerado el *Primer productor*, ya que son los árboles los que producen el oxígeno. Se puede considerar metáfora del conocimiento; *troncos* de las disciplinas. Imágenes del centro y periferia *como tronco y ramas*. Son los árboles los representantes tanto de los aspectos semánticos protectores como mistéricos.

El árbol como generador inicial de la línea cultural hegemónica- biológica se utiliza como lugar de placer bucólico, deportivo, recreativo durante el día. Un lugar para la salud y la fantasía infantil. Es el árbol del juego y de la fiesta, con representaciones numerosísimas desde la casita entre las ramas al árbol y sus regalos de navidad.

Durante la noche cambia de signo, se convierte en lo sombrío. Lo amenazante, lo sospechoso, el peligro.

Es uno de los elementos que más símbolos hace, porque representa los elementos de la construcción y de la producción: maderas, frutas.

Los animales, constituyen también signos emblemáticos. Son las primeras representaciones inscriptas por los humanos, sean estas en formas de pinturas o imágenes de bulto rudimentarias en el paleolítico. Sus pieles y dientes se convierten en trofeos y ostentación. En otro orden de cosas, también funcionan como signos de protección, en la forma de amuletos.

Son la representación más evidente del encuentro con la otredad. Funcionan desde edades muy tempranas como la más importante representación de la deidad y lo sobrenatural. Muchas veces su imagen representa el espacio que los contiene.

Su importancia emblemática radica en ser las representaciones de diferentes atribuciones en las culturas. Por ejemplo, en la primitiva región de la medialuna de las tierras fértiles y sus derivaciones, el león fue tomado como símbolo de realeza y de deidad simultáneamente: signo inequívoco de la unión entre los poderes divinos y terrenales. Otro estamento similar en el tiempo es la figura del toro. Que representará a las emergencias de las clases mercantiles, todavía totalmente sometidas a los poderes antedichos. La cultura minoica es un ejemplo de esta simbolización.

En América precolombina la unión imposible de las características de los animales creó un mundo de imágenes complejas, que no pudo resistir las claridades de la imagen supuestamente realista y atractiva del barroco, puesto que para significar los sistemas que simultáneamente comunitarizaban las riquezas y victimizaban a los beneficiarios, las serpientes se emplumaron y los felinos asumieron las facciones de los monos.

Los animales en la cultura occidental valorados

negativamente serían aquellos que sirven para estigmatizar, por ejemplo: el olor del zorrino, la rapacidad sin esfuerzo de las hienas, las metamorfosis de los batracios. Los animales peligrosos o de difícil cacería fueron objeto de consideraciones diversas según fueran necesarios para atemorizar o para mostrar conductas tentadoras pero prohibidas. Las fábulas y sus figuras ilustrativas muestran particularidades de las atribuciones de los animales como primeras comparaciones entre las diferentes características humanas: *ser astuto como un zorro o fuerte como un toro*.

En el siglo XX, la industria mediática los incorpora profusamente. Los animales vivos, metamorfoseados, fantásticos o extinguidos se utilizan para recrear la historia, difundir categorías axiológicas, perpetrar sentidos instalados directamente a partir de la emoción, hacer propaganda política. Aparecen en la instalación del código medioambiental con el mandato tenemos un solo mundo en formatos documentales, ficcionales, publicitarios. Se hace evidente en la difusión de prototipos heroicos como en *El Rey León (1994) (continuación en el poder siempre de la misma clase social), en las distintas versiones de Lassie (fidelidad y altruismo) y en Aladar (2000) (sistemas míticos como explicaciones de liderazgos)*.

Otros signos son **los pájaros y las flores**. Funcionan como los elementos básicos de decoración en tiempos de no -guerra. También, como tributos y homenajes. Soltar pájaros, regalar flores, es una práctica extendida a pesar de haberse reemplazados las aves por globos y las flores por niños, y constituyen simbólicamente: el homenaje, el excedente y el futuro. Su utilización, forma parte de los protocolos ceremoniales: Flores en las bodas, tributos a los muertos, suelta de palomas (o globos) en los festejos, y la colocación de coronas a los héroes y heroínas.

Los pájaros funcionan como los símbolos de libertad e inocencia. Casi un ritual de liberación. Y por eso es que resulta tan interesante ver a semejante símbolo en el funcionamiento invertido. Es famoso el tratamiento que hizo Alfred Hitchcock en el film *Los Pájaros,* donde aves consideradas como portadoras de paz y tranquilidad, se vuelven violentas.

Determinados emblemas objetuales sirven de base para jerarquizar, entre ellos es preferencial, el **sombrero.** Los tocados han sido desde el paleolítico los elementos construidos más significativos para señalar lugares de representación. *Desde la vincha del cazador a la corona de la novia o del rey. La gorra de los soldados, el birrete de los catedráticos.* Fue, y es, elegido muchas veces para mostrar desde los vestuarios ambientadores las formas del poder. Es por medio del sombrero, mantos, tocados, turbantes o vinchas, que pueden reconocerse rápidamente en las imágenes los estereotipos de época, las jerarquías y los grupos sociales y corporativos. En el otro extremo de la figura humana encontramos a **los zapatos,** que desde la más arcaica antigüedad se han convertido en el símbolo de las muchedumbres en tránsito, el paso por la historia del hombre común. Posee un alto poder evocativo como fetiche narcisista y tiene grandes derivaciones en los aspectos de marca, de huella. Son los indicios que señalan las pisadas hacia un destino final como en las épicas, o seguimientos de detectives a través de las pistas en los policiales.

Estos elementos simbólicos, también cuentan con referencias situacionales, por ejemplo:

Los cielos. Este signo puede utilizarse como clima ambiental asumiendo las formas estereotipadas de los recintos de vivienda o sociabilización, su iluminación o densidad atmosférica; pero es más importante su función como inductora de sentido. Son ellos los que marcan desde la imagen, el ambiente, la atmósfera, la proyección del futuro, sobre todo cuando se quieren plasmar los lugares paradisíacos. El cielo es la proyección espacial del tiempo. Imagen del devenir y su posibilidad de eternidad. Muchas veces el signo "cielo" muestra el clima emocional de la imagen. Tal vez su expresión más elocuente como ingrediente lexical básico sea la consideración que si no media un sintagma aclaratorio, es imposible determinar si se trata de verano o invierno, madrugada u ocaso. Es decir, siendo el indicador sustancial del tiempo, no marca las horas.

De las combinatorias surgen otros sellos culturales que revisten significados ambivalentes. Resultan tan usuales que muchas veces su utilización puede pasar desapercibida por los espectadores. Un prototipo son **las puertas**. Acompañan las entradas y salidas de sujetos y situaciones, pero a su vez portan significados en sí mismos. En su forma canónica de ícono establecen localizaciones fundantes o reconocimientos turísticos o de competencia. Recordamos famosas como: *La puertas de los Leones en Micenas, Las puertas del Paraíso de Giberti en el Batisterio de San Giovanni en Firenze o, Las Puertas del Infierno de Auguste Rodin en el Museo Rodin de París.* También son importantes, los Arcos de Triunfo arcaicos o modernos y las entradas de palacios y catedrales. La productividad de este signo es amplísima ya que por medio de ellas es posible trasladarse de un tiempo a otro, de un espacio a otro y por distintos niveles de realidad. En las producciones de aventuras actuales, que ilustran tránsitos entre el espacio **real y virtual**. Hay grandes referencias a este tópico: *Monsters Inc (2001), Matrix (1999) Stargate (1994) El león, la bruja y el ropero (2005)* y, en Argentina, el film Las puertitas del Sr López (1988) basado en una historieta escrita por Carlos Trillo e ilustrada por Horacio Altuna.

Otro conjunto de símbolos culturales habitualmente representado en los films son **las torres y las campanas,** ya que participan en lo situacional, tanto en los aspectos visuales como sonoros. En lo que hace a su aspecto emblemático, acompañan a las representaciones de los poderes de turno (campanarios de las iglesias o carillones de los edificios gubernamentales). Cambian de estatuto de convocatoria según sea que se instale en los centros (ciudades o poderes centrales) o en sus márgenes (suburbios o periferias). En el primer caso su función es de comunicación o proclama; en el segundo, de advertencia o alarma. Una variante muy extendida de la metáfora arquitectónica son **los puentes**, que además de su valor iconológico – geográfico o estratégico, simbolizan los pasos a la madurez, y también procedimientos de vinculación y, en casos de puentes rotos, ruptura o aislamiento.

La escalera es un símbolo inmenso que desde tiempos arcaicos significó la separación entre el poder y aquellos a quienes el poder representaba. Iglesias y fortalezas ubicadas en montes, fueran estos naturales o construidos[4]. Se usó también para instalar en sus trayectos ascendentes o descendentes, los lugares de intriga y misterio. Los cuentos infantiles están plagados de ellas[5]: A nivel metafórico significan la llegada al cielo como el lugar de los placeres y las bajadas a los infiernos, como lugares de castigo en mazmorras y sótanos horrorosos.

Un apartado especial son los tópicos de las distintas **imágenes del paraíso,** en forma de ambientaciones de palacios, hoteles y mansiones. Las playas, los lagos, bosques y mares aparecen convocados en su forma domesticada. La contrapartida son las **imágenes del infierno** que son representadas, desde el documental o la ficción, con los horrores de la guerra,

---

[4] Recordemos que Acrópolis significa Ciudad Alta.

[5] Evocamos a todas las princesas y misterios encerrados en las torres, a las diversas formas de escalamiento, la planta de guisantes, los cabellos de *Rapunzel*.

del hambre, la radiación, la naturaleza indómita, la inseguridad, la violencia callejera, etc.

Como símbolo final consignamos **el agua** porque participa de varias de las categorías, como elemento vital, como vehículo de comunicación y transporte y como riqueza. Es un signo tanto visual como sonoro y tiene una importancia tal que últimamente su función no solo es ambientadora de bienestares o tormentos, sino que se ha convertido en narrativa, es decir significa por sí misma, como sucede en *Titanic (1997) y en 2012 (2012)*

Los sellos de la cultura son utilizados continuamente por las producciones audiovisuales, es un repertorio al que se vuelve siempre, en forma de reescrituras y estilizaciones. Recursos de citas, alusiones, guiños, parodias, recreaciones funcionan como metalenguajes y son constitutivos de los discursos mediáticos actuales que funcionan como una gran red semántica. Ya sumergidos en el siglo XXI, los estereotipos y elementos emblemáticos de la cultura instalados por las pantallas durante el siglo XX se convierten en generalizadores de aproximación de unidades heterogéneas. Es decir, forman parte de los itinerarios de reconocimiento[6].

---

[6] Los dibujos animados por ser los primeros socializadores están llenos de ellos. En *Los Simpson* todo remite al mundo cotidiano mediático. Otras veces, es un pequeño signo fílmico, como ocurre en el film *Hércules* en donde los personajes de los ayudantes del malvado Hades, visten zapatillas modernas. O, en *Monster Inc,* durante una persecución, hay un breve instante donde los héroes asumen la postura de los protagonistas de *Titanic*.

4. Los códigos de barra de la imagen: los ejes semánticos

Los códigos semánticos son las rutas que permiten acceder a las significaciones valoradas de los discursos actuales. Constituyen la vía de acceso a la comprensión de un imaginario previo familiar, escolar y mediáticamente instalado. Estas constelaciones sígnicas permiten leer los paradigmas de las verdades de épocas. Interpretar los mensajes, es apreciar los distintos elementos con que fueron realizados a partir de múltiples entradas agrupadas en torno a un conjunto determinado de líneas hermenéuticas.

Uno de los primeros acercamientos a la interpretación de las imágenes es el reconocimiento del objeto. Los objetos representados remiten a objetos reales icónicamente hablando, socialmente construidos y culturalmente insertados. El reconocimiento objetual en las expresiones desata reconocimientos y rememoraciones que remiten al concepto de "habitus[1]" de Pierre Bourdieu extendido a la mundialización[2] de

---
[1] Los habitus son estructuras estructuradas, es decir sistemas de disposiciones organizadas en relaciones recíprocas, las que son sectoriales, barriales, escolares, académicas.

[2] Este término remite al concepto de globalización económica en el ámbito de la cultura y al borramiento de las fronteras políticas.

la cultura. Estos códigos pertenecen a las semánticas múltiples, que permiten diferentes niveles de significación y profundidad de sentidos.

Los lectores/espectadores creen o *suponen que captan aquello* que se les dice o muestra. Esto hace que los públicos vivan una ilusión de optimización receptiva al mismo tiempo reforzada con mecanismos de redundancia. La instalación de los sentidos socioculturales se distribuye embellecida en los productos de los Medios, cuyo mismo consumo produce placer. Al producir placer se acentúan los mecanismos identificatorios proyectivos que colaboran en la fijación de los sentidos. De esta manera se edifican en los imaginarios los temas, sub-temas, cifras y protagonistas de la llamada "realidad".

Para lograr esta ilusión receptiva dentro de poblaciones con marcadas diferencias culturales, económicas y etarias, es necesaria la existencia de códigos semánticos de articulación y correspondencia. Por otro lado es imprescindible que no se presenten como demasiado complejos. Estos contextos de lectura actúan como redes semánticas, se encuentran distribuidos en los productos de la Industria Cultural y particularmente evidenciados en el discurso hegemónico y en continuo crecimiento de la Publicidad. Al constituirse como un sistema de signos, necesitan axiologías y combinatorias para atenuar o realzar; actualizar o hacer caer en el olvido a esos elementos que se están mostrando. En el universo de las audioimágenes, las producciones conllevan sus claves de lectura. Pero además, esas claves participan de las tendencias otorgadas por las conjunciones temporales genéricas sociohistóricas e ideológicosectoriales.

Llamamos **códigos semánticos** de base a cinco ejes que modelan las interpretaciones de los discursos mundializados: medioambiental, erótico, de éxito, de competencia y la evolución del código míticoreligioso.

El código medioambiental es el mayor tributario de la corriente globalizadora. Miles y miles de repeticiones de este mandato consiguen plasmar las conceptualizaciones ecológicas como concepto de verdad de época. Es un legitimador del discurso y resulta tan amplia su repercusión social, que no puede considerarse válida ninguna información que lo contradiga. Es el código de mayor evidencia, más aún: tiende a ser resaltado. Puede aparecer desde una simple referencia visual o cromática: cielo celeste o campo verde hasta la expresión más explícita de los anclajes verbales.

El discurso ecologista se pone en marcha y se vivifica en las más variadas formas de expresión mediática: los canales de televisión por cable *National Geographic Channel*, *Animal Planet*, *Discovery*, las películas de catástrofes *Terremoto (1974)*, *El día después de mañana (2004)*, *2012 (2012)*, el crecimiento de los programas de mascotas, la mostración de paraísos actuales donde la naturaleza continúa virgen o, en las variables presentes en las localizaciones turísticas del cine y la televisión. La mayoría de los símbolos empleados están enraizados en la cultura por los códigos históricos de costumbres y significado. Estas codificaciones se vuelven -o pretenden volverse – universales.

"*El Rey León*" de W. Disney, es un ejemplo paradigmático del eje medioambiental y los sub-ejes semi -encubiertos. Desde lo narrativo[3] este film presenta un relato de forma circular (la primera escena es similar a la última). Este procedimiento es un importante refuerzo del sentido dado que el film propone la idea de un ciclo vital repetido e inexorable.

El film adapta en el lenguaje de la animación infantil un tema clásico: la traición entre hermanos, tópico recurrente para simbolizar las sucesiones dinásticas[4]. La herencia dinástica le corresponde a la

---

[3] El reino que conduce *Mufasa* recibe alegre al heredero *Simba*. Su tío *Scars*, pierde con este nacimiento su posibilidad al trono. *Mufasa* y *Saravi* presentan a su hijo, el futuro soberano. *Rafiqui* y *Sasu* representan a las fuerzas eclesiásticas y laicas. *Nala* es la amiga de *Simba* niño. Pumba y Timón a los marginales y el resto de los animales, excepto las hienas, al pueblo.
Scars asesina a *Mufasa* y culpa a *Simba*. Ante esto *Simba* huye.
Crece con *Pumba* y *Timón*. Un día los ataca *Nala* y se produce el reencuentro con su amigo. Ella le cuenta el estado calamitoso del reino en manos de *Scars* y de las hienas.
Rafiqui hace retornar a *Simba* para que ocupe su trono. *Simba* regresa, pelea con *Scars*, le gana y reestablece el equilibrio del reino. Se casa con *Nala* y presenta a su heredero en sociedad recomenzando el ciclo.

[4] Contamos ejemplos de narraciones desde las historias helénicas y bíbli-

Naturaleza. Como es fácil de entender, y como ha venido sucediendo desde los albores de la humanidad, cuando hay que elegir "un dios" o "un rey", siempre es más efectivo buscarlo en esos seres que no pueden contestar que lo son, llámense sol, luna, chacal, buey, serpiente, jaguar o león.

La ventaja de un león es manifiesta porque en occidente resulta ser el símbolo por excelencia del poder y, detenta el epíteto rey de los animales, privilegio que posee desde el dominio micénico.

Los siglos pasaron y en la actualidad los discursos hegemónicos dicen que las barreras culturales han sido borradas, contradiciendo de lleno la actualidad política de un mundo en guerra, pero con los seres humanos acercados como nunca antes en el espacio, vía aérea, satelital o informática, es necesario encontrar un vínculo que represente esa apariencia. ¿Cuál puede ser la ilusión que cobije bajo un mismo manto a los que están abrigados y a los que pasan frío? La respuesta es tan sencilla que por eso mismo es genial: el "dios planeta" y su culto, la ecología.

---

cas hasta la actualidad. *Caín y Abel*, mitos de los Átridas son ejemplos de esta cuestión. En la historia que se cuenta existe una evolución de Mufasa a Simba de la misma manera que existe en la epopeya homérica de Aquiles a Ulises. Mufasa representa a Aquiles (epíteto ''el de los pies ligeros'' - Areté fundado en la valentía y el linaje). Simba representa a Ulises (epíteto ''fecundo en ardides'' - Areté fundado en linaje encubierto y astucia). Su referente más extendido y por lo tanto más reconocible por la audiencia es la tragedia isabelina Hamlet de William Shakespeare.

¿Cómo se hace para convertir a algo o alguien en un dios? ¿Cómo se entroniza? ¿Cómo se legitima? Por supuesto que no es dando las razones del caso, sino dictaminando lo absurdo de una postura contraria, con castigos sociales como la conversión de los opositores en dementes o apóstatas. El concepto de verdad se instala por imposibilidad de oponerse a él, y no por la razón, ni por la fuerza. En esto radica la potencia de los discursos hegemónicos.

El código erótico despliega las imágenes de la sensualidad y el atractivo. El erotismo comienza a impregnar la conciencia de los humanos en tanto empieza a diferenciarse de la cópula de los animales. La productividad de la representación de la sexualidad humana en imágenes gráficas y de bulto aparecen en todas las culturas: arte erótico en la Antigüedad, imágenes sagradas del Oriente, objetos de arte erótico precolombino, tótems y diosas de la fertilidad africanos, etc.

Las imágenes eróticas se van afianzando en dos ámbitos[5]: en el sagrado con las representaciones mítico- religiosas y en el profano, en formas pastoriles y cortesanas. Por ejemplo, el romano dios doméstico Pan aparecía representado por un fauno, escultura que se ponía en las alcobas conyugales para guardar la intimidad.

Este tipo de imágenes, en el proceso de expansión de los monoteísmos, van a ser reprimidas o negadas.

---
[5] Tomamos las formas nominales sagrado/profano de Bataille en *El erotismo*.

Las referencias a la sexualidad humana son convertidas en pecado y sometidas, a controles, protocolos y castigos. De todas formas permanecen en las festividades de cosecha y carnavales, en las bromas populares, etc. Luego del Renacimiento las imágenes retomaran su carga y potencial erótico. Aparecen en formas de miradas internas de las pinturas, en recuperaciones del pasado pagano hasta llegar al desnudo artístico. La tradición occidental ha mermado la referencia a la sexualidad, sin embargo, los artistas nunca han dejado de realzarla.

Ya en el Positivismo la organización de una ciencia del sexo internaliza en los sujetos la condición erótica que será capitalizada en los procesos de industrialización. Por otro lado se provee de las categorías de normalidad frente a lo inaceptable como así también de una diferenciación con respecto a lo obsceno como pornográfico y lo erótico como sublimación aceptable del placer. La sexualidad moderna se traduce en un proceso de desnaturalización, convirtiéndose en un código. Al volverse codical produce deseos. Los que exacerbados y estetizados, son luego transferidos y se extienden a las comunicaciones mundializadas.

Es un código de importancia manifiesta dada la continua presencia humana en las imágenes. Como condición debe expresar sin explicitar, es por esta causa es uno de los más trabajados estéticamente. Es la versión del medioambiental, en lo que atañe a la consustanciación personal.

Caracterizan a este código la utilización del primer plano y los planos detalles, colores cálidos e iluminaciones localizadas y, un uso de líneas curvas[6] y oblicuas en las orientaciones y desplazamientos. En cuanto a las figuras retóricas es fundamental la utilización del recurso de personificación, en tanto transferencia hacia los objetos que se convierten en sustitutos momentáneos del deseo inacabable.

Son inolvidables en el cine, las elipsis madurativas como lugar de la ausencia, el plano detalle de un fuego encendido en la noche y al día siguiente dos tazas en el desayuno, la metáfora visual del tren entrando a un túnel cuando la imagen anterior a la elipsis del interior al exterior fue en un camarote[7].

El código de éxito es heredero de la épica, reedita el canto al héroe, modela los prototipos a imitar y presenta los objetos a desear. Apela a la identificación primaria: *"este que está ahí soy yo o, eso que está ahí es mío"*, y también a las luchas y/o triunfos que lleva la interacción con los demás: *"tengo que defender lo mío o tengo que ganarle al otro"*. Refuerza el individualismo y hace evidente su presencia. En esta condición actúa como un espejo.

Los objetos, los vestuarios, los escenarios, los pro-

---

[6] La línea curva es un elemento tan poderoso para marcar lo sensual que incluso se mantuvo en un período de borramiento casi total de las formas como fue la época de la escultura medieval. Para representar lo femenino se mantiene la forma del cuerpo en forma de "S".

[7] Nos referimos a la famosa escena del film *Intriga Internacional* (1959)

tagonistas, los accesorios constituyen el repertorio básico de los deícticos del código en encuadres de plano general y, en algunos casos una intensa mirada a cámara interpelando al espectador. Las bandas sonoras subrayan las características del personaje.

Es el código principal porque es ejecutivo del inmenso y global aparato de ventas, considerando que en el mundo consumo todo es mercancía. Este código se encarga de la vehiculización de apariencias, tendencias, estéticas e ideologías y en última instancia mediante la transferencia a personas, productos o símbolos. Este es el código de mayor extensión y reconocimiento por el público.

El código de competencia tiene variaciones derivadas de su misma denominación. Dada la bisemia del término *"competencia", puede entenderse como "idoneidad" o "calidad similar" hasta "conflicto" o "franca oposición"*.

En uno de sus niveles, la competencia como pelea, la identificación inmediata es un enfrentamiento entre iguales, que se asocia a las discusiones cotidianas entre amigos, hermanos, colegas o parejas remitiendo a las diversas figuras del duelo eterno.

En el otro nivel, la competencia como saber sectorial, marca las formas de "distinción" en el sentido bourdieano. Es decir, como distinciones de gustos y saberes entre los distintos sectores sociales. En la mayoría de los casos y como ocurre desde la infancia a la adultez, el sentido más lato y mimético es el que prevalece. Pero más allá de esa recepción primera hay una segunda de una mayor sutileza y es la que se lee como soporte en la que se arma la imagen y que corresponde a determinado "capital cultural".

El código de competencia puede ser asociado a algunas características del erótico, ya que también debe "decir" sin "explicitar". Mantiene vínculos con el código de éxito, pero se diferencia, en que aparece encubierto a pesar de ser un recurso sumamente utilizado y elocuente.

Evolución de los códigos semánticos de base

En los últimos tiempos se verifica una complejización de estos códigos que han ido generando subcódigos y yuxtaposiciones. Uno de los más evidentes es el crecimiento del medioambiental. Hay muchos indicadores de esas expansiones en los programas de supuesta información científica *(History Channel, Discovery, Infinito, etc)*, e indudablemente ya está instalado en los de dibujos animados y en nuevas incorporaciones biotelevisivas. Ejemplos de esta modalidad son los programas de biomedicina, bioambientalistas, forenses arqueológicos y normativos profilácticos.

Una nueva vertiente del paradigma biologista darwiniano se encuentra en diversos dibujos animados como el film *Dinosaurio*[8] (2000), los programas

---

[8] Aladar como versión ambientalista del mítico Moisés, Avatar, etc. Cuando

televisivos *Pokemon*, *Digimon*, la saga fílmica *La Guerra de las Galaxias*. Esta tendencia dirigida especialmente al público infantil tiene por objeto fijar el código medioambiental, sedentarizar a las audiencias, familiarizarlas con nuevas técnicas y tecnologías y dar una explicación a los cambios del mundo. Sin olvidar su función admonitoria y normativa.

Simultáneamente a este deslizamiento del código medioambiental surgen en el espacio tecnoestético reflotamientos de códigos olvidados o remanentes. Y sobre todo se actualiza el código más arcaico: el mítico[9]. Los elementos de neomítica, aparecen en efectivos articuladores de la máxima semántica actual: **lo sobrenatural.**

Al ser un código en formación aparece con varias ramificaciones. El reflotamiento de lo fantástico en su mezcla médiatica con lo melodramático forma parte de films como *Drácula* (1992), y en las sagas *Harry Potter*, *El Señor de los Anillos* y *Crepúsculo*.

En su hibridación con su código de base mediambiental, en su canalización no naturalista, se mezcla con los adelantos técnicos, en productos biotecnológico como *Avatar* (2009) y *Sector 9* (2009). Y por supuesto, las derivaciones de estas directivas engendran productos de formas conspirativas e irraciona-

---

las verdades se caen, la hegemonía busca justificaciones históricas anteriores. *Si ya no funciona Moisés, transformémoslo en Aladar. A la larga es alguien que por diferentes circunstancias, se convierte en líder.*

[9] Consideramos el término mítico en su sentido amplio como "explicación total de mundo".

les que desatan la búsqueda y resemantización de viejos mitos y por supuesto, logran activar nuevos.

Otra de las variantes es la incorporación de las doctrinas mítico- bíblicas a los discursos bioambientalistas y biomédicos en productos tales como la serie *Power Rangers*, los films *Día de la Independencia* (1996) y *Matrix* (1999).

La fusión míticoambiental se encarga de la creación de infiernos moralizantes en temáticas referidas por ejemplo, al agujero de ozono, al sida, el ébola, las posibles catástrofes planetarias, la contaminación del agua y del aire, la desertización, la aparición de nuevas enfermedades de laboratorio, las inundaciones y las guerra bacteriológicas que vertebran films como *Aracnofobia (1990), Epidemia (1995), El Día después de mañana (2004).*

Otra de las combinatorias evolutivas del código consiste en el reflotamiento de leyendas, profecías y conspiraciones aunadas a lo medioambiental. Dentro de esta vertiente de reflotamientos legendarios se encuentran fusiones con discursos conspirativos y proféticos asociados a lo medioambiental como en *Armageddon* (1998) y *2012* (2012).

En la actualidad las poéticas surgen de la mano de intercambios y fusiones. Los efectos y sus causas se refuncionalizan en las matrices de formación de los sentidos sociales. No solamente ocurre con el medioambiental, todos los códigos semánticos evolucionan y a la manera puntillista estallan activando y modificando las matrices de las claves de lectura.

5. Panorámica y plano detalle: la humanidad en contradicción

Territorios en la construcción de la imagen de los humanos en las producciones audiovisuales

Los discursos multimediales son protagonizados en su mayoría por **representaciones humanas**[1] construidos a partir de modelos humanos de base, que forman las células iniciales de las entidades de la representación social.

Estos modelos aparecen enmascarados en una construcción constante de personajes y modelos tanto positivos como negativos. Se presentan como progresivamente evolutivos pero mantienen normativas conservadoras revestidas de novedosas integraciones positivas.

De esta manera se establecen características genéricas básicas, etarias y de agrupamiento que funcionan como matrices reguladoras de las conductas deseables y los nuevos tópicos sociotecnológicos a asimilar por los públicos.

---
[1] O de quién cumpla su función representativa: humanoides, voces en off, superhéroes, animales humanizados, etc.

A partir de ciertos ejes fragmentados repasamos la construcción del modelo "humano/a eligiendo el eje de los héroes por su extensión histórica y pregnancia visual, la construcción del modelo mujer que siempre representó en roles maniqueos, a la familia y su decodificación tradicional, la institución. La permanencia del *modelo familia* y sus variantes de transformación, sumado al fenómeno de la *desinfantilización* de los niños, reconocidos como base de una cultura del consumo, muestran movimientos en las constituciones de los arquetipos.

La figura del héroe épico fue y será una de las formas primordiales de representar a los hombres. Este prototipo cultural eterno expresa la unión entre realidad histórica y estetización. Además sirve como idea motriz desde el momento que la sociedad lo acepta como modelo de conducta y ética. La tensión dialéctica entre las virtudes competitivas -*valentía y fortaleza*- y las cooperativas -*piedad y solidaridad*, se verifican en las distintas resemantizaciones. La figura del héroe es un canon fijo pero además puede verse continuamente actualizado.

En las narraciones los héroes generalmente masculinos son quienes llevan adelante la acción. Caracteriza a este modelo heroico occidental una naturaleza divina y mortal, valores ambiguos y, una combinatoria de vestuario, instrumentos, emblemas y símbolos. El héroe está obligado a cumplir una serie de tareas o etapas para lo cual aprende diferentes estrategias y destrezas técnicas, y, conquista territorios y poderes. Lo más valorado es el móvil ético de su acción, fundado en un principio de solidaridad y justicia social. Este esfuerzo lo pone en peligro y puede llevarlo a una muerte en plena juventud. Es un modelo ejemplificador, propagandístico y emulativo.

Sin embargo, la naturaleza del héroe clásico es compleja. Oscila entre las pautas del ideal superior acuñado desde la antigüedad y su distintas contrapartidas: grotescas, salvajes, monstruosas, etc. Su ánimo fluctúa entre la soberbia y la desmesura. En esta faceta el héroe clásico provoca cierto rechazo. Estas tensiones, en distintas intensidades, son asimiladas por las múltiples y plurales recepciones.

Proponemos pensar la figura del héroe, sin negar su genealogía literaria y pictórica, como una tipología propia de los discursos mediáticos, que la utilizan tanto como referencia al mito clásico como también mediando las múltiples ocurrencias y resemantizaciones electrodigitales. Conformándose así en un nuevo repertorio referencial. Los intertextos utilizados corresponden tanto a la literatura, la pintura como a los mismos productos audiovisuales, sobre todo el cine y la televisión. Un conglomerado de sentidos que conviven en un mismo nivel jerárquico y son compartidos por las distintas audiencias en forma de repertorios. En esta urdimbre de arquetipos y tramas de la modernidad líquida[2], las narraciones para las grandes mayorías han quedado en mano de la Industria. Hoy en día el héroe es uno de los emblemas

---

[2] En el sentido acuñado por Zigmunt Bauman

para estudiar esta sociedad múltiple así se trate de la repetición arcaica o una nueva versión.

Las diversas tramas narrativas mediáticas mundiales sobre la figura del héroe resultan de resemantizaciones de los mitos fundantes de la cultura occidental. Por ejemplo, el viaje iniciado por Hércules atraviesa las distintas épocas hasta llegar a nuestros días en el *Hércules* de Disney y, también, en las Olimpíadas espectáculo global y en las publicidades de los deportistas. Más allá del guerrero, atleta, justiciero, explorador, colonizador... el héroe siempre bascula entre los parámetros de la víctima- victimario. Los relatos son reconstrucciones de las épicas y las distintas intenciones ideológico- económicas de los diferentes períodos históricos. La épica, cantar de los dioses, en su faz mediática ha servido para delinear pensamientos, estimular percepciones, y reforzar creencias.

La figura de Aquiles como el valiente y rápido guerrero, es reescrita paradigmáticamente en *Troya* (2004) donde se adapta el poema homérico sin la instancia sobrenatural de los dioses, buscando la obtención de un héroe autónomo. En *Alexander* (2004) la trama histórica se mitifica en un héroe conquistador que se presenta *como* salvador de la humanidad y defensor de las poblaciones ante el enemigo. En el film *Gladiador* (2000) el héroe del espectáculo vence al poder político, reflexión de una época donde prima la escenografía propia de una sociedad del espectáculo. En *Monster Inc* (2001) los protagonistas repiten el modelo del héroe y su ayudante en una epopeya para públicos infantiles.

Entre las concreciones de este modelo tomamos a Jake el héroe del film *Avatar* (2009). Es un mediador/salvador entre las culturas. Posee la marca distintiva del héroe, en este caso su discapacidad motora en el mundo real. Su móvil ético es salvar un mundo armónico con la naturaleza (clara apelación a un discurso ecologista) frente al caos propuesto por una economía depredadora. En su viaje iniciático descubre su fuerza y salva a este paraíso perdido liderando la batalla. En este caso se resemantiza la tipología del héroe en las variantes para emular. Su muerte es simbólica, vive como avatar.

En *Watchmen* (2009), adaptación fílmica de un comic, se presentan héroes envejecidos y condenados por la sociedad. El eje de activación del héroe clásico corresponde a los categorizados como superhéroes[3]. La transgresión del modelo muestra la decadencia y la exclusión social. Durante la intriga de predestinación, se revisa la historia norteamericana ficcionalmente desde el género de conspiraciones. La estética retro colabora a la confusión de épocas, estilos y realidades.

En la serie televisiva *Dexter* (2006[4]), el héroe es un justiciero "que toma la justicia en sus manos" y a la vez, un asesino serial que mata a asesinos. En la

---

[3] El héroe se equipara a los mortales mientras que los superhéroes (creaciones del comic) se acercan a lo divino sobrenatural.

[4] Que transita su última temporada en el 2013,

última escena del último capítulo de la primer temporada, una voz en off acompaña la fantasía de Dexter: *Si los demás supieran que el mató a esos otros seres bestiales, lo recibirían como un héroe en la entrada a las ciudad, vitoreándolo con una lluvia de papeles y aplausos.* Su condena es no poder hacer pública sus acciones. A pesar que el protagonista resulta revulsivo a la racionalidad del espectador en tanto construcción genérica, la intriga pone el acento en que no se lo descubra y penalice. Lo que resulta una contradicción entre la "razón" y la condición empática con el personaje y la instalación de la temática sobre las formas de implementar justicia.

Estos y otros productos mediáticos ponen en cuestión los conocimientos y las éticas de las poblaciones. El héroe es héroe según quién lo mire. Ulises puede ser astuto o artero depende del relato que se construya.

La ambigüedad presente en el arquetipo héroe, entre el modelo de conducta superior a emular y el modelo a reprobar es acentuada en las producciones actuales. *Batman inicia* (2005), *Spiderman 3* (2007), adaptaciones del comic y megaproducciones cinematográficas presentan a un héroe que sufre y duda. El lugar de las certezas lo ocupan las fuerzas oscuras o inhumanas.

Entre las transposiciones volcadas al ciudadano común corriente enfrentado a condiciones extraordinarias y cambiantes se recrea al modelo clásico Ulises, "el fecundo en ardides". Podemos mencionar a los protagonistas de *Duro de matar (1988), Identidad desconocida (2002)* y *MacGyver*[5] *(1985)* desde la pantalla televisiva.

La extensión y productividad de este modelo héroe atraviesa los tiempos y sigue vigente dando vida a los sueños, anhelos y odios en las proyecciones fantasmáticas de los espectadores. Paralelamente se entremezclan otras figuras como ser la del héroe anónimo sesentista, representante del hombre común, el antihéroe y las versiones actuales de las políticamente correctas presentaciones de las diferencias.

La construcción del estatuto mujer en las narraciones mediáticas parte de un primer modelo tripartito: la diosa conformada por Palas Atenea /Minerva, Artemisa/Diana y Afrodita / Venus. La vertiente patriarcal que se acentúa desde Micenas en adelante comenzará con la tarea del desdibujamiento de la figura femenina y su transformación en objeto. La tríada es rearmada con la figura de Hera/Ceres, la permanencia de Afrodita/Venus y la incorporación de Helena, representante de la belleza mortal, efímera y reemplazable. En los diez siglos que dominan los poderes medievales, el lugar femenino primordial es el de madre. Lo vemos representado por todas las por las imágenes de la Virgen María, madonnas y madonnitas, y, sus variadas estilizaciones: maternidades, fertilidades, alegorías. Las otras dos diosas de la trilogía inicial, van a quedar estigmatizadas por las

---

[5] La serie comenzó en 1985 y duró 7 años en el aire.

enseñanzas bíblicas, y se las vinculará con lo insano, lo diabólico, lo tenebroso.

A partir del Renacimiento se actualiza la tríada en los términos madre, santa y puta. Los prototipos femeninos quedan agrupados en tres modelos de base: las madres, las seductoras y las vírgenes. Se considera que el triunfo de un óptimo espesor sígnico se encuentra, cuando se pueden mostrar aspectos superpuestos.

John Berger (1986) afirma que la mujer siempre ha estado sometida a una doble actuación porque *"Los hombres miran a las mujeres. Las mujeres se contemplan a sí mismas mientras son miradas"* (Berger, 1986:55)". La condición mujer implica vivir contemplándose y al mismo tiempo ser continuamente contemplada. Ser niña o adulta no cambia su estatuto: ser vista y no escuchada. En suma, es la que provoca el deseo, no la que lo lleva adelante. Santa, virgen y madre se presentan en oposición a la imagen de la seductora, ya sea la imagen de Eva y la serpiente, de las brujas o de las vamps. La mujer es objeto de deseo y visión pecaminosa.

Con el reconocimiento del ingreso de la mujer al mercado de trabajo y su progresiva incorporación como ciudadana y consumidora, los patrones básicos madre, santa y puta comienzan a mutar intercambiando procedimientos. El modelo Madre construido desde el poder patriarcal, es desestabilizado por dos acontecimientos el definitivo ingreso de la mujer al campo laboral y la posibilidad de control sobre su fertilidad, en definitiva la recuperación de su cuerpo.

Las actuales producciones televisivas muestran variaciones de los estereotipos clásicos. Recordemos que en sus inicios la televisión reforzó los mandatos modélicos tradicionales de las madres abnegadas, sufrientes y dominadas: como reinas de los hogares. En su cariz seductor o inocente: como cortesanas, causantes de desgracias y vergüenzas y en las figuras de enfermeras, maestras y servidoras. Los roles protagónicos femeninos de la serie *Amas de casa desesperadas* y en la urbanidad modélica de la serie *Sex and the city*. La incorporación de jefas de hombres, de colegas en igualdad de condiciones y opiniones valoradas en la serie *Friends*, en los formatos policiales como *Prime Suspect*, en las de profesiones liberales como *The good Wife, Dr House, Bones* y *Grey's Anatomy*. Todas estas concreciones dan cuenta de la profesionalización de las mujeres. Ligadas a esta perspectiva las series como *Life in Mars, Ashes to Ashes* situadas en las décadas del '60 y el '80 enfatizan críticamente los lugares subalternos asignados y aun en permanencia, a las mujeres.

Otros modelos de la evolución de base se encuentran ligados a variaciones de identidades de géneros y elecciones de objeto. El personaje de Lisbeth de la trilogía *Milenium*, las heroínas de las cinematografías no tradicionales que conducen a las recepciones, a los lugares de las luchas marginales de amazonas, *jazmines y mulanes*[6] son ejemplos de esta variante evolutiva.

---

[6] Jazmín es la heroína de *Aladdin* (1992) y *Mulán* es el nombre de la protago-

Las producciones audiovisuales han contribuido a legitimar la iniciativa femenina, cuestión que no se constituye como un espejo de la realidad sino como una variante de nuevos modelos de conducta y consumo. Lipovetsky afirma que:

> *"Desde los años '70 presenciamos un largo proceso de desestabilización de la dicotomía tradicional de los papeles sexuales (...). Al registrar y acelerar al mismo tiempo la evolución por la fuerza de modelo que generan, las películas se pueblan de manera creciente de personajes femeninos que se mueven en esferas que les estaban tradicionalmente vedadas."*(Lipovestsky, 2009:116)

En tiempos actuales, se produce una convivencia de los tres modelos en diferentes grados de evolución y trasformación.

Todos hemos incorporado el estereotipo ideal instalado en los imaginarios de familia tipo, con un padre que trae el dinero a la casa, una madre que cocina, lava y plancha, y niños felices que van a la escuela. Aunque hoy, entendemos a la familia con otras cualidades y diversificaciones, persiste este modelo nuclear y, es el que se sigue para la comunicación masiva. A pesar de la comprobable variación de este modelo base en los productos documentales y ficcionales *(Los Simpson, Brothers and sons, Los locos*

---

nista del film homónimo (1998)

Adams, Padre de familia, American Dad) permanece como mito. Los productos varían entre el homenaje y sanción.

Las familias se utilizaron para simbolizar todas las representaciones sociales. Las versiones que se producen en estas construcciones de familia son diferentes pero siempre sirven como tópico, ya sea en momentos de bonanza o de crisis. Cada época establece su canon social y bajo una aparente reformulación innovadora de sus planteos (la irrupción de distintas sexualidades, el problema de las adicciones, la prevención en salud, etc.) permanecen como discursos conservadores. Estos modelos circulan a la manera de las narraciones tradicionales[7] en el cine y en los programas televisivos para todo público, donde se muestran plenamente a grupos familiares en sus presencias y significativas ausencias.

Uno de los ejemplos actuales que polemiza con las versiones tradicionales de la familia está en el film *Babel* (González Iñarritu, 2006) ubicando a distintos tipos de familia que conviven en el mismo tiempo pero en coordenadas geo-política- económicas distintas, enmarcadas por las relaciones entre lo global y lo local. El film transcurre en cuatro sitios diferentes como expresiones del mundo globalizado: Marruecos, Japón, México y Estados Unidos.

En tanto con el rol paterno sigue cumpliendo la idea de ley y autoridad la muerte o alejamiento de la madre les permite delinear otro rol de los hombres

---

[7] Descriptas por Vladimir Propp

frente a sus hijos. El título de la película es un vocablo hebreo que quiere decir ciudad o Imperio de Babilonia. Es una Voz que indica confusión de lenguas. En sentido figurativo y familiar significa el lugar en el que hay gran desorden y confusión. A partir del título del film puede inferirse utilizando un enlace metafórico, un índice de la guía de recepción y un inductor a la lectura de una sociedad compleja. En tanto estructura social, el modelo de familia burguesa en el sentido occidental, descripto por Michel Foucault, conforma en los tiempos actuales una unidad líquida en sentido baumiano.

Una vez vistas las tres secuencias iniciales del film: la compra del arma, la conversación telefónica entre Amelia y Richard y, el diálogo de Cheiko y su padre en el auto; podemos registrar varios tipos de padres y de problemáticas infantiles.

El recurso de la aparición del padre sigue repitiendo el formato explicado en los párrafos anteriores. Trazando el camino de la disminución y desvalorización del rol femenino: por muerte, por estar herida, por inmigrante, por tradición de sometimiento de la mujer. La semántica de esta operación es evidente porque salvo Amelia (que no es la madre biológica) en el rol de madre, ninguna tiene verdadera presencia. Sin palabra la de Marruecos, Susan herida, y la madre de Cheiko, muerta. Se vuelven a presentar las cuestiones que el mundo del siglo XXI tiene que solucionar en los casos de justicia y jurisprudencia.

En la productividad de los distintos modelos de

base de hombres y mujeres, en los debilitamientos, resaltaciones y encubrimientos se instalan otros modelos de agrupamientos familiares que la hegemonía presenta como disfuncionales.

En los continuos reacondicionamientos de la Industria, un fenómeno particular se produce con la ampliación de los horizontes de consumo. Paralelamente a la producción de fenómenos convencionales *"aptos para todo público"*, se producen dos variaciones importantes: expresiones audiovisuales con temáticas *de iniciación al mundo del consumo mundializado* y las producciones denominadas kidults. Las primeras son inductoras de conductas de diferenciación socio económica etaria para quienes transitan las edades de la infancia y la adolescencia. Los productos "kidults"[8], son expresiones polifónicas, plagadas de intertextos de diferente grado de complejidad, que son disfrutados y entendidos desde cualquier nivel y profundidad de lectura por sectores etarios distintos que comparten, de manera diferencial y desigual, convenciones, recorridos y repertorios de la cultura mundializada. Ambas tendencias promueven la desinfantilización de los niños como

---

[8] Los productos kidult son formatos tradicionalmente infantiles a los que se les anexan intertextos, guiños y señas para su decodificación mediática. Provocan niveles de lectura diferenciados y con grados de complejidades significativas crecientes. *Shrek* (2001) y la serie animada *Bob Esponja* son modelos emblemáticos de este mecanismo de fusión. Como ejemplo se su mecanismo mencionamos el lunar en la cara del tiburón padre, como marca estelar del actor Robert de Niro en el film de animación *El Espantatiburones* (2004)

base de una cultura del consumo que busca incluirlos tempranamente.

En estas realizaciones se detectan dos procesos simultáneos y encubiertos que se extienden en otros productos de la Industria Cultural. Son los mecanismos de desinfantilización y de desadultización. El primero de ellos es más evidente porque hay mayor registro de estos hechos que muestran la inclusión los menores en el consumo a edades cada vez más tempranas. Para explicar el fenómeno de desadultización no es necesario recurrir a un ejemplo, ya que es fácil comprobar que todas las emisiones conllevan el mandato de mantenerse joven. Convirtiendo así a la juventud en el único estadio valorado de la vida. Consignamos dentro de esta operatoria a todos los programas de entretenimientos, de estética corporal, de modas, de deportes, y por supuesto, a todas las publicidades.

Del análisis de los elementos de las representaciones de humanos y sus grupos nucleares de pertenencia y su posterior puesta en relación con los sentidos de la cultura surgen plurales plataformas. Desde allí, es posible distribuir y a la vez reagrupar los elementos contextuales, sintácticos, semánticos, simbólicos e icónicos de las líneas directrices hegemónicas. Una combinatoria que aun muestra asociaciones críticas, porque ha llegado a "con-fundir" lo técnico con lo estético, lo virtual con lo real, la información con el control. Estas mixturas semánticas son recicladas, reacondicionadas y maquilladas a través de la velocidad de emisión de las temáticas y la simultánea caducidad de las tecnologías emisoras y reproductoras, creando verdaderas redes de individuos que creen en todas y cada una de las humanas caracterizaciones.

6. Montaje sobre montaje. El magma mediático

En los tiempos que corren, el incremento y la velocidad de las comunicaciones para transmitir los mensajes en sus variadas formas y concreciones han logrado que los habitantes del planeta podamos *"sentir que estamos"* en una interacción constante. Esta ilusión es originada en parte por el acceso a la televisión con su característica de discurso doméstico y sin clausura que a medida que fue avanzando en tecnología (satélite- cable-digital) y mediante la distribución a nivel mundial de señales durante las veinticuatro horas, la concepción del espacio y tiempo también se modifica. Posteriormente los refinados sistemas electro-informáticos expanden y afirman la creencia. Este espejismo se sostiene aunque se sabe inabarcable.

Según Renato Ortiz (1996) *"vivimos así en un espacio transglósico en el cual diferentes lenguas y culturas conviven (muchas veces de manera conflictiva) e interactúan entre sí"*. Una cultura mundializada conforma una matriz civilizatoria, que es lo mismo que decir, que la mundialización afecta a los lugares y las sociedades a nivel planetario.

Esta nueva plataforma distribuye y a la vez reagrupa los elementos contextuales, sintácticos, semánticos, simbólicos e icónicos. Estos elementos son reciclados, reacondicionados y maquillados a través de la velocidad de emisión y la simultánea caducidad de las tecnologías emisoras y reproductoras.

Sin embargo, sabemos que la materialización de estas condiciones epocales presupone la presencia de un tipo específico de organización social, económica, y política, planteando manifestaciones desiguales que atraviesan de manera diferenciada las distintas realidades de las unidades culturales, sean tanto de países como de regiones.

Los modelos de base y sus matrices son inyectados en otros procesos ideólogicos mayores: los de desvinculación nacional y revinculación global , los que sumados a la expansión de re-conocimientos y diálogos de una cultura mundial, en los aspectos de entretenimiento, axiologías y conducción normativa.

La vida se desarrolla cada vez más en las pantallas, con tendencia creciente a la visualización de la experiencia humana. La proliferación de imágenes, tanto para comunicaciones sociales como personales, y la expansión de los nuevos dispositivos tecnológicos produce nuevas formas de estar en el mundo y diversas reacomodaciones en los regímenes de visibilidad e invisibilidad frente a las operaciones discursivas monopólicas e independientes. Este nuevo régimen visual está caracterizado por la multiplicidad e individualización de las pantallas; la convivencia simultánea de distintos tipos de imágenes (amateurs, profesionales, domésticas, etc.) en diferentes soportes y tecnologías, coexistiendo con diversas generaciones estéticas en fragmentos amalgamados con estilizaciones y parodias de poéticas anteriores. Aditamentos de altísimas autoreferencialidades mediáticas. Las transformaciones de los soportes y medios de la comunicación audiovisual afectaron todos los aspectos: el pasaje del fílmico a lo digital, las formas de circulación, la profusión de formatos, la copia situada, la cita y el fragmento, etc. Por otra parte la experiencia humana se desarrolla cada vez más en las pantallas con un compendio diverso de imágenes difundidas por múltiples circuitos y dispositivos tecnológicos que ocupan espacios públicos, domésticos y los entornos personales.

Los seres humanos transitamos nuestra cotidianidad con diferentes ropajes: modas, técnicas, títulos, etc. pero para seguir con la metáfora del vestido, llevamos como ropa interior un traje de arlequín armado con retazos. En palabras de Raymond Williams (1980) *no somos individuos porque "individuo" significa "indivisible" y hoy somos todos "dividuos" porque estamos todos fragmentados*. Una identidad transitoria, hecha de retazos como el traje de arlequín. Esos dividuos construyen con esos elementos sus realidades, donde se tienen varios inicios y nada puede clausurarse. Con esos materiales múltiples, pensados como nuevos pero mixturados, mixeados, resemantizados, circulando en la sociedad definida por Fredrich Jameson (2002) como comunicada y elaborando sentidos, por medio del "pastiche esquizoide".

Los procedimientos para la constitución de matrices semánticas en la cultura audiovisual son múltiples y aleatorios. Los más utilizados son la fragmentación y el montaje, propios de la tradición[1] del siglo XX, en forma de mestizajes, fusiones y remakes. Las referencias de estos fragmentos remixados podemos localizarlas arqueológicamente –cuestión que no sucede habitualmente- en producciones anteriores por medio de las intertextualidades. Son fósiles que adquieren la forma de iconos al ser reconocidos.

Las unidades de las matrices de las audioimágenes están atravesadas por registros de disolución, descontextualización y recontextualización que rebotan a la manera de un pinball[2]. En las bandas de rebote se encuentran las percepciones socioculturales de los receptores. Los jugadores pueden con poca destreza (capital cultural) y mucho de azar, obtener mayores logros (inclusión social). La imagen de este

---

[1] Algunos autores refieren a esta tradición como moderna asimilada al ímpetu vanguardista de la década del 20'.

[2] Juego mecánico popularizado en las décadas del 70 y 80 por las poblaciones juveniles. En la actualidad, este mismo juego con sus variaciones tiene múltiples exponentes en el mundo digital.

juego como metáfora nos permite asimilar el funcionamiento de actualización y complejización de las directrices de las producciones sometidas a cambios constantes, mediante recursos como: incorporaciones, supresiones, complementariedades y anacronismos deliberados. La permanente renovación de las creaciones, con sus éxitos y fracasos, instala la inmediata transferencia de ideas y poderes a los objetos del mundo consumo.

Aquello que García Canclini (1995) acuñó para hablar de los problemas de identidad en las fronteras hoy puede aplicarse a los mismos productos, es decir: deslocalización de los contextos y relocalización en otros. Esta consideración de los habitantes de las regiones fronterizas se homologa a la categoría de linde, en el sentido de representación de la ampliación de nuevos espacios de indeterminación. Entendiendo como tal, el engrosamiento pero a la vez debilitamiento de las categorías genéricas del espacio-tiempo. Como dice Eduardo Gruner(2002):

> *"Término de linde, (...) es la noción de in-between de Homi Bhabha, ese "entredós" que crea un "tercer espacio" de indeterminación, una "tierra de nadie" donde las identidades (incluida la de los dos espacios linderos en cuestión) están en suspenso, o en vías de redefinición."* (Grüner, 2002. 258)

En estas "suspensiones" los elementos mediáticos entran en ebullición, generando un conjunto magmático, con sus indiferenciaciones, potencialidades y peligros. El reconocimiento de los elementos genera en los públicos claves de identificación e interacción social como parte de nuevos fraccionamientos, aglutinaciones y tendencias.

Denominamos como hermenéutica de las semánticas múltiples a las inestabilidades y aceleramiento de los sistemas culturales desde el señalamiento de los engrosamientos de los lugares de indeterminación y fusión. En forma rizomática y, en cualquier lugar los fragmentos pueden hacer derivar sentidos autorreferenciales, comerciales, sectoriales en forma azarosa y exponencial, conformando sintagmas narrativos "densos"[3].

Una manifestación temprana de esta estética del fragmento inestable la encontramos en la filmografía de Brian de Palma. Recordamos, *Vestida para matar* (1980) y *Doble de cuerpo* (1984), remakes y homenajes a la poética Hitchcock que consideramos obras iniciales de estos nuevos registros visuales epocales. Posteriormente el film *Redacted* (2007) pone el acento en las nuevas formas de circulación planetaria de las informaciones, y lo hace a partir del ingreso de los receptores como productores autónomos y emisores de los nuevos medios. La presencia de múltiples puntos de vista, la utilización de diversas texturas fílmicas con sus criterios de decodificación y, el plus de verdad asignado desde la recepción a las imágenes no profesionales, vertebran el argumento del film.

---

[3] En el sentido de "descripción densa" de Clifford Geertz.

La utilización de las formas estéticas, las codificaciones y los signos de los dispositivos actuales en la construcción de la imagen fílmica ponen de manifiesto la expansión de las tecnologías digitales de filmación y los veloces medios de circulación. Estas herramientas técnicas mediales, a la que se suman los registradores domésticos, amplían las disponibilidades de audiovisión de imágenes tanto profesionales como amateurs. Visiones y pareceres que son multiplicados en las redes.

En el período de la pantalla global siempre hay alguien filmando, documentando e interviniendo; estas producciones inmediatamente entran en circulación. Cada vez más los Medios utilizan los aportes de la audiencia (los materiales domésticos) junto a registros de las cámaras de seguridad, reportajes fortuitos o clandestinos etc. Los productos no profesionales serían – siguiendo esta lógica - los encargados de volver a cargar de verdad a las emisiones mediáticas.

En este estado de cosas, la sensación de sospecha[4] se potencia. En una escena del film *Mentiras que matan* (1997) uno de los personajes cuenta a otro un hecho militar producido mediáticamente por el gobierno. La credulidad y asombro del interlocutor pone de manifiesto que más allá de los hechos, el dispositivo tecnológico, el medio, hace esa construcción posible. Este film es un ejemplo que nos hace pensar

---

[4] En la época actual los habitantes se encuentran en un estado de mutación, no hacia la figura de un sujeto activo (propio de un primer individualismo), sino a la figura de un sujeto sospechante (*sospecha de todo*). Este individuo reconecta esas dudas con teorías, historias, leyendas o mitos dando crecimiento a los discursos de las teorías conspirativas.

en la imposibilidad de los receptores para distinguir la simulación de lo verdadero.

Si bien sabemos, que la imagen jamás puede reproducir la realidad sino que se ha basado siempre en criterios de verosimilitud, las simulaciones actuales cuestionan la diferencia entre lo filmado como figura verdadera y lo creado como armazón falso. Y esto es así porque se usan los mismos gestos y los mismos signos tanto para uno como para otro. Lo cierto es que en una recepción genuina no tenemos manera de establecer un criterio de autenticidad ni desde lo técnico ni desde los significados.

Los aspectos tecnosemánticos de las audioimagenes y sus interrelaciones son asimilables por medio de las articulaciones genéricas y/o programáticas, elaboradas sobre estructuras conocidas para la captación de un espectador medio que las comprende según su particular enciclopedia de saberes y horizonte de expectativa social con diferentes proporciones de redundancia, innovación y normativas. Estas posibilidades de mezcla/ fusión y los rebotes en las recepciones producen matrices de semánticas múltiples estructuradas en torno a signos y códigos de fácil comprensión mundial.

En ese sentido, el crecimiento de nuevos circuitos y públicos y el ingreso de las personas comunes al sistema de las emisiones mediáticas, impactan en las dinámicas no hegemónicas en forma de voces diferentes. En la ampliación de las cadenas nominativas la estética neobarroca no es solamente negativa sino que puede verse al mismo tiempo como un semillero de potencialidades, de democratización de los derechos de la mirada y la concreción de las estéticas para el siglo XXI.

Anexo. Las cifras de la imagen

Audioimagen

Denominamos audioimágenes a las transmisiones en forma audiovisual de los medios masivos de comunicación.

Encuadre

Toda imagen estructura un "modo de ver", es decir un punto de vista, una selección y una intención. El encuadre es el código constitutivo de la imagen. Es la firma del documento que nos queda y por su gestión pueden mostrarse sucesiva y/o conjuntamente: personas, objetos, escenarios y situaciones. Es al mismo tiempo el ojo que espía y la mirada que denuncia.

Plano

La unidad mínima del encuadre está dada por el plano. Esta clasificación y sus funciones convencionales se utiliza tanto para las imágenes fijas (fotográficas, dibujos de historieta) como para las audioimágenes en movimiento (cine, series televisivas, dibujos animados, etc.). Se establece tomando como referencia la figura humana que se extiende a la captación de objetos, monumentos, escenarios en los que se aplica la misma nomenclatura. Podemos distinguir tres tipos principales de planos:

Generales: En este tipo de planos, domina la mostración del entorno y las localizaciones. Se utilizan para mostrar una localización concreta, ubicar a los personajes en su entorno y para situar al espectador. Son informativos y descriptivos.

Se dividen en **panorámica o gran plano general, plano general y plano entero.** El gran plano general tiene un valor descriptivo, domina el paisaje y en general no aparece la figura humana o es insignificante. En el plano general la figura humana se ve en su totalidad situada en un contexto espacial. En el plano entero se muestra a la figura humana en su totalidad.

Intermedios: Incluye el plano americano y el plano medio. En el plano americano el personaje ocupa los ¾ del encuadre. En el plano medio el personaje es retratado desde la cintura. Los planos intermedios sirven para relacionar a los personajes. El plano americano nos conecta con las acciones de los personajes y el plano medio con los diálogos.

Cortos: Los planos cortos muestran los rostros y los objetos. Se dividen en primer plano y plano detalle. En el primer plano el protagonista es el rostro, el plano detalle encuadra partes del rostro o del cuerpo, también se utiliza para los objetos. Por medio de planos cortos se muestran las emociones. Son más expresivos que informativos. La utilización de los planos detalles cumple la función de focalizar objetos o partes del cuerpo para brindar información clave al espectador.

Ángulos de cámara

La angulación es la relación entre el punto de vista de localización de la cámara y los elementos mostrados en ella: **ángulo normal** (a la altura de los ojos del observador), **ángulo picado** (desde una posición más elevada del punto de vista normal), sugiere inferioridad del objeto o persona, **ángulo contrapicado** (desde una posición por debajo de los ojos del espectador), sugiere la superioridad del objeto o persona. Las formas extremas son el **picado absoluto o cenital** y el **contrapicado absoluto** o **Nadir**.

Movimientos de cámara

Desde aquel diciembre de 1895 el invento del cinematógrafo encantó a todos como curiosidad científica. Ya que cuando nace, no era un competidor de los sistemas simbólicos establecidos. Al principio era como Fotografía animada no tenía ni la fuerza de la literatura, ni la fascinación de la música, ni el color de la pintura, ni la textura de la escultura, ni la plenitud del teatro. Pero cuando la cámara se movió, ese estado de cosas cambió. Los movimientos de cámara son los que posibilitaron la extensión explosiva del cine a partir de la segunda década del siglo XX.

Si nos referimos a los movimientos de cámara encontramos tres formas básicas combinables entre sí:

> El **travelling** es el desplazamiento de la cámara desde la base, el eje de la toma permanece en la misma dirección.
> El **paneo** es un giro de la cámara en cual quier dirección mientras la base queda fija.
> El **zoom** es la variación del objetivo focal.

Montaje

El montaje o edición es el principio que regula la organización de elementos fílmicos visuales y sonoros, o el conjunto de tales elementos, yuxtaponiéndolos, encadenándolos y/o regulando su duración.

La función del montaje desde el punto de vista sintáctico es el enlace entre imágenes y, a su vez regular el ritmo de la sucesión de las distintas imágenes. Desde el punto de vista semántico es vital para la producción de sentidos. La lectura de las imágenes cinematográficas y por extensión los distintos formatos audiovisuales no es cuadro por cuadro sino en relación con el sintagma[1] del film.

Banda sonora

La banda sonora comprende todo lo dicho en monólogos, diálogos y voz en off, música y ruidos. En los últimos tiempos la música, ha adquirido una importancia mayúscula en los discursos audiovisuales. Marca climas, enfatiza secuencias, editorializa en los noticieros televisivos, etc.

La banda sonora se completa con los sonidos lexicales e indiciales. El primero es el que acompaña la imagen y está tan naturalizado, que muchas veces para ser evidenciado es necesario quitar el sonido, para que al faltar se haga presente en un momento analítico. Su contrapartida, el código indicial, fue incorporado posteriormente para anticipar o retardar los sentidos, y su función fundamental es señalar aquello que esta fuera de campo.

La palabra, el principal anclaje temporal de los hombres, en las producciones audiovisuales es enfatizada por música, sonidos internos y externos a la imagen, ambientaciones, etc. Estos signos sonoros son anclajes temporales ambiguos y frecuentes, que inducen recepciones en los individuos, más cercanas a la sensación que a la interpretación. Estos acercamientos se producen de manera aleatoria en los re-

---

[1] Organización narrativa

ceptores, mediante apropiaciones simultáneas, tanto involucrantes como distanciantes.

El **sonido** le otorga a la imagen un plus de autenticidad. La cinta sonora se pude montar, manipular y utilizar para reorganizar el material filmado o grabado. El uso es tanto estético como significativo. Puede ubicarnos en una época histórica, reforzar contenidos, indicarnos cómo debemos entender la imagen, puede estar en contradicción con lo que la imagen propone, etc. Puede aparecer en escena la fuente del sonido (por ejemplo un tocadiscos y el personaje hacerlo funcionar) o no aparecer la fuente.

Estructura fílmica

Un film está constituido por una serie de fotogramas que se aúnan en una organización pensada. Está dada por:

Tomas: conjunto de fotogramas que impresiona la cámara en el film desde que se prende hasta que se apaga sin detenerse. No relatan una historia, a lo sumo pueden dar cierta información elemental que está incompleta por sí misma.

Escena: serie de tomas con unidad de tiempo y de espacio.

Secuencia: comprende una serie de escenas con unidad de sentido y de tiempo – real o aparente – aunque no necesariamente de lugar. Estas constituyen unidades dramáticas, como pequeñas películas dentro del film, pero que no conforman su totalidad.

Plano secuencia: es una secuencia narrativa realizada sin cortes. Puede formar parte de un film, publicidad, videoclip. Hay ejemplos de films realizados íntegramente como un plano secuencia.

En el pasaje de lo analógico a lo digital se mantienen las nomenclaturas fílmicas.

Narración

La planificación y los movimientos de cámara están al servicio de una **narración** y la finalidad de esta última es la de contar una historia. Dentro de las secuencias llamamos **intriga de predestinación** a la primera de ellas. que muchas veces incluyen los créditos nos dan lo esencial de la intriga y su resolución esperada. Una vez presentada la solución, trazada la historia, interviene todo un arsenal de demoras que se denomina **frase hermenéutica** (frenos al avance de la historia), constituida por las restantes secuencias de la película.

Cada formato audiovisual contiene sus claves de producción, en los cortometrajes prima el desenlace inesperado y, por ejemplo el video clip puede ilustrar la canción o presentar mundos oníricos. Dentro de los fenómenos de registro de la vida de las personas comunes, los videos de boda, de quince años y de egresados, están organizados de manera similar: la historia previa familiar, los amigos, los deseos. Las creaciones amateur oscilan entre la experimentación y la copia fragmentada de productos de consumo masivo.

El relato

En las narraciones audiovisuales se establecen distintas relaciones entre e**l relato y la historia que se cuenta.** El orden organiza las diferencias entre la historia y el desarrollo del relato (como se cuenta esa historia). En general el orden de los acontecimientos en la representación audiovisual no es lineal, o sea, no corresponde al orden cronológico, por lo cual es anacrónico porque de esta manera se puede producir enigma, suspenso o interés dramático. El uso del flash-back proporciona información anterior al relato fílmico, por medio de la utilización del flash-forward o de indicios se dan elementos que tienden a interpretar por anticipación un acontecimiento futuro.

Duración

En general la duración del relato no coincide con el tiempo desarrollado en la historia. Se utilizan las elipsis temporales, que condensan el tiempo real en función de la historia que se cuenta.

Focalización

El **modo o focalización** es el punto de vista que conduce la explicación de los acontecimientos regulando la cantidad de información dada. Puede ser:

Focalización por un personaje: se manifiesta por la cámara subjetiva;

Focalización sobre un personaje: es el uso de la cámara como independiente, objetiva, que aísla y sigue a un personaje o grupo.

Estos dos tipos de focalizaciones se utilizan, por lo general, de manera alternada en un mismo film.

El color

Nos referimos a la simbología del color en la vida cotidiana y a la historia de las artes en los patrones culturales de occidente. Determinados colores arrastran sentidos culturales establecidos: banderas, clubes de fútbol, estereotipos genéricos (rosa las nenas, celeste los varones). También están los sentidos establecidos por las costumbres de las comunidades y que algunas veces las exceden: el negro para los lutos, el blanco para las novias, etc. Además, hay algunos que cargan con la representación simbólica de determinados sentimientos y sensaciones: el rojo (amor, pasión, calor), el azul (sueño, frescura) el verde (tranquilidad, serenidad, naturaleza), etc.

La textura

El código **de la textura** en la representación gráfico plástica se refiere al grafismo, a los contornos del dibujo, a la forma de la pincelada o rasgos pictóricos, a la simulación codificada de las texturas en el diseño, cantidad e intensidad del pigmento, la grasitud o acuosidad de la pintura, absorción o rechazo del soporte y la textura propia de todos los soportes (papel, madera, tela, cartón, etc.).

A los signos históricos texturales de la producción audiovisual (la cortinilla, el fundido a iris, el cierre a negro, el ondulamiento de pantalla, etc.) se le suman los distintos granos fotográficos, desenfoques, borramientos, supresiones, aditamentos, efectos digitales, entre otros.

La tipografía

El aspecto visual de los textos verbales de los mensajes de los medios, **su tipografía,** es otro elemento a considerar. En esto es importante destacar que más allá de su significado el mismo significante (la palabra misma) es un signo icónico y funciona como un objeto. Es necesario el análisis entonces de tamaño, forma, color, inclinación, ubicación de los tipos gráficos como así también las distintas gradaciones de esfumados, filtros, desfocalizaciones, etc.

La impresión de realidad

El film está constituido por un gran número de imágenes fijas denominadas fotogramas, dispuestas en serie sobre una película transparente. Al ser proyectada a cierto ritmo da origen a una imagen ampliada y en movimiento.

Hay diferencias entre la imagen proyectada y el fotograma, pero tanto una como la otra se presentan bajo la forma plana y delimitada por un cuadro. El cuadro es uno de los primeros materiales sobre los que trabaja el director de cine.

El espectador reacciona ante esta imagen plana como si viera una porción de la realidad misma, a pesar de las limitaciones que tiene la imagen cinematográfica (presencia del cuadro, ausencia de la tercera dimensión, carácter artificial o ausencia del color, etc.). Esta característica propia del cine se denomina impresión de realidad, la cual se manifiesta en la ilusión de movimiento y en la ilusión de profundidad. La utilización de las tecnologías digitales rompe con el soporte analógico, sin embargo desde lo perceptivo se mantienen estas cuestiones señaladas.

Percibimos a la imagen fílmica, y en consecuencia la audioimagen en sus diversos soportes, como la representación realista de un espacio imaginario. La porción de espacio imaginario contenida en el interior del cuadro es lo que denominamos **campo**. El campo se percibe como la parte visible de un espacio más amplio. Ese espacio más amplio es el que denominamos **fuera de campo** (contiene la parte no visible del campo).

La ilusión de profundidad contribuye a la **impresión de realidad** que le adjudicamos a la imagen audiovisual. Se trata de una característica técnica de la imagen, que se puede modificar haciendo variar el foco de la imagen, sin variar la nitidez de los objetos presentados. A esto lo denominamos profundidad de campo.

Lo verosímil

En las narraciones audiovisuales nos parece creíble lo que vemos. A esta condición se la denomina verosímil. Esto se refiere a la relación de un texto con la opinión pública, a su relación con otros textos y también al funcionamiento interno de la historia que cuenta. Lo verosímil se establece en general como efecto de corpus en función a lo visto en films anteriores, el género al cual pertenezca el film, etc. Es verosímil, por ejemplo, que en una comedia musical los protagonistas de la historia se declaren su amor cantando y bailando generando un número musical.

Procedimientos basales en la producción de sentido: la autorreferencialidad y la intertextualidad.

La autorreferencialidad es un código preferencial nacido conjuntamente con la dominación hegemónica de los Medios, que funciona óptimamente como factor imprescindible de redundancia que implica la instalación discursiva de los tópicos seleccionados para ser consumidos y absorbidos por las mayorías. El mundo audiovisual y sus productos dialogan entre sí, y hacen referencias a sí mismos. Este procedimiento, uno de los más importantes para señalar el sitial central de lo mediático, es el que convierte a la producción televisiva en una mercadería vendible. Hay una escalada en los programas hacia el hablar de las mismas informaciones y objetos que se transmiten en ese mismo medio. Como ejemplo cotidiano de autoreferencialidad citamos a programas televisivos que permanentemente se refieren a emisiones que se darán en otros horarios y fechas posteriores, a diversos formatos cuyo tema es la misma televisión y el conocimiento que se tenga de ella, las citas enteras dentro de los programas de ficción, etc. El entrecruzamiento de autoreferencias de los Medios puede registrarse en todos los ámbitos.

La intertextualidad es una de las formas más importante de significar. Es mediante su utilización que los Medios construyen sus legitimidades; y lo hacen mientras mantienen la lucha con otras imágenes en disputa por el espacio.

Toda nuestra cultura está armada en intertextos. Citas, referencias, remakes, copias, plagios. Reproducciones, alteraciones, modificaciones, estilizaciones, parodias y homenajes. Todo texto cultural remite a otros textos y a su vez cada pensamiento remite a otros pensamientos. Este procedimiento no es nuevo ni exclusivo de los medios de comunicación, se registra en la base del lenguaje humano y por consiguiente en la totalidad de sus productos culturales.

Lo significativo de este momento mundo es la combinatoria entre una heterogeneidad explícita y una homogeneidad encubierta. Entre innumerables manifestaciones ejemplificamos con una de las formas más frecuentes del intertexto: la utilización de personajes y contextos de las series televisivas exitosas, que se convierten en verdaderos emblemas.

Listado de films

1.

La salida de las obreras de la fábrica (1895) Hnos Lumiêre

La llegada el tren a la estación de Ciotat (1895) Hnos Lumiêre

El desayuno del bebé (1895) Hnos Lumiêre

El regador regado (1895) Hnos Lumiêre

Entreacto (1924) René Claire,

El perro Andaluz (1929) Luis Buñuel

La Edad de Oro (1930) Luis Buñuel

El Gabinete del Doctor Caligari (1920) Robert Wiene

Dr Mabuse (1922) Fritz Lang

El Golem (1920) Carl Boese y Paul Wegener

Nosferatu (1922) Friedrich Murnau

El acorazado Potemkin (1925) Sergei Eiseintein

Octubre (1928) Sergei Eiseintein

El último malón (1918) Alcides Greca

Nanook el esquimal (1922) Robert Flahertly

El apóstol (1917) Quirino Cristiani

Afrodita (1928) Pierre Marchal

Sin novedad en el frente (1930) Lewis Milestone
El Nacimiento de una nación (1915) David Griffith
Intolerancia (1916) David Griffith
Tiempos modernos (1936) Charles Chaplin
Ciudadano Kane (1941) Orson Wells
Roma Ciudad abierta (1945) Roberto Rossellini

2.

La Diligencia (1939) John Ford
Intriga Internacional (1959) Alfred Hitchcock
Easy Rider, (1969)Denis Hopper
El Golpe (1973)George Roy Hill
Regreso sin gloria (1978) Hal Ashby
Apocalipsis Now (1979)Francis Coppola
Los Pájaros (1963) Alfred Hitchcock

3.

Monsters Inc. (2001) Pixar Distribuida por Disney
Matrix (1999) Hnos. Wachowski
Stargate (1994) Roland Emmerich
El León, la Bruja y el ropero (2005) Andrew Adamson

Las puertitas del Sr. López (1988) Albert Fischerman
Titanic (1997) James Cameron
Tsunami (2006) Bharat Nalluri
2012 (2012) Roland Emmerich
Hércules (1997) Disney

4.

Terremoto (1974) Mark Robson
El día después de mañana (2004) Roland Emmerich
El Rey León (1994) Disney
Dinosaurio (2000) Disney
Drácula (1992) Francis Coppola
Día de la Independencia (1996) Roland Emmerich
Aracnofobia (1990) Frank Marshall
Epidemia (1995) Wolfgang Petersen
Armageddon (1998) Michael Bay

5.

Troya (2004) Wolfgang Petersen
Alexander (2004) Oliver Stone
Gladiador (2000) Ridley Scott

Avatar (2009) James Cameron
Watchmen (2009) Zack Snyder
Batman Inicia (2005) Christopher Nolan
Spiderman 3 (2007) Sam Raimi
Duro de Matar (1988) John McTiernan
Identidad desconocida (2002) Doug Liman
Los hombres que no amaban a las mujeres (2009) Niels Arden Oplev
Babel (2006) Alejandro González Iñarritu
Shrek (2001) Pixar Disney
El Espantatiburones (2004) Disney

6.

Vestida para matar (1980) Brian de Palma
Doble de Cuerpo (1984) Brian de Palma
Redacted (2007) Brian de Palma
Mentiras que matan (1997) Barry Levinson

Bibliografía

Aparici, R. y García Matilla, A. (1989) Lectura de Imágenes. Madrid: Ediciones de la Torre.
Alonso, L. (2005) La era del consumo. Madrid: Siglo XXI
Aumont, J., Bergala, A.,Michel, M.,Vernet, M. (1983) Estética del cine. Espacio fílmico, montaje, narración, lenguaje. Barcelona: Paidós.
Aumont, J. (1992) La imagen. Barcelona: Paidós.
Barbero, J. (1998) De los Medios a las mediaciones. Bogotá: Andrés Bello.
Barthes, R. (2002) Mitologías. México: Siglo XXI
Barthes, R. (1986) Lo obvio y lo obtuso. Imágenes, gestos, voces. Barcelona: Paidós Comunicación.
Bataille, G. (1988) El erotismo. Barcelona: Tusquets.
Bauman, Z (2007) Vida de consumo. Buenos Aires: Fondo de Cultura Económica.
Bauzá, H. (1998) El mito del héroe. Morfología y semántica de la figura heroica. Buenos Aires: FCE
Belting, H. (2007) Antropología de la imagen. Buenos Aires: Katz Editores.
Benjamin, W. (1979) Discursos Interrumpidos. Madrid: Taurus.
Berger, J. (2010) Modos de ver. Barcelona: Editorial Gustavo Gili
Bourdieu, P. (1995) Las Reglas del Arte. Barcelona: Anagrama.
Bourdieu, P. (1996) Sobre la televisión. Barcelona: Anagrama.
Briggs, A. y Burke, P. (2002). De Gutemberg a Internet. Una historia social de los medios de comunicación. Madrid: Taurus.
Burch, N. (1991) El tragaluz del infinito (Contribución a la genealogía del lenguaje fílmico) Madrid: Ediciones Cátedra.
Bürger, P. (1987) Teoría de la Vanguardia. Barcelona: Península.
Burke, P. (2005) Visto y no Visto. El Uso de la Imagen como Documento Histórico. Barcelona: Crítica.

Chion M. (1990) La audiovisión. Barcelona: Paidós
Costa A. (1988) Saber ver cine. Barcelona: Paidós
González Requena J. (1985) La metáfora del espejo. Valencia: Instituto de Cine y Radio-Televisión
Debray, R. (1994) Vida y muerte de la imagen. Historia de la mirada de occidente. Barcelona: Paidós.
De Micheli, M. (1968) Las vanguardias artísticas del siglo veinte. Córdoba: Ed. Univ. De Córdoba, 1968.
Eco, U. (1995) Apocalípticos e integrados. Barcelona: Tusquets
Ewen S. (1991) Todas las imágenes del consumismo. La política del estilo en la cultura contemporánea. México: Grijalbo.
Foucault, M. (1990) Historia de la sexualidad. 1. La voluntad de saber. México: Alianza Editorial.
García Canclini, N. (1998) Culturas Híbridas. Buenos Aires: Paidós.
García Canclini, N. (1995) Consumidores y ciudadanos. Conflictos multiculturales de la globalización. México: Grijalbo.
Geertz, C. (1995) La Interpretación de las Culturas. Barcelona: Gedisa.
Godard, J.L., Truffaut, F. y otros. (2004) La Nouvelle Vague. Sus protagonistas. Buenos Aires: Paidós.
Gruner, E. (2002) El fin de las pequeñas historias. Buenos Aires: Paidós.
Gubern, R. (1983) Cien años de cine. Barcelona: Bruguera
Gubern, R. (1994) Historia del cine. Barcelona: Ed. Lumen
Hobsbawn, E. (1999) A la zaga. Decadencia y fracaso de las vanguardias del siglo XX. Barcelona: Crítica.
Jameson, F. (1991) Ensayos sobre el posmodernismo. Buenos Aires: Ediciones imago Mundi.
Jameson, F. (2002) El giro cultural: escritos seleccionados sobre el posmodernismo 1983-1998. Buenos Aires: Manantial.
Libonati, A. (comp) (2013) Realidad y ficción. Escritos sobre cine y teatro. Buenos Aires: Ricardo Vergara ediciones.
Lipovetsky, G., Serroy, (2009) La pantalla global. Cultura mediática y cine en la era hipermoderna. Barcelona: Anagrama
Mattelart, A. (1995) La invención de la comunicación. Barcelona: Bosch Casa Editorial. Mirzoeff, N. (2003) Una introducción

a la cultura visual. Barcelona: Paidós.
Morin, E. (1964) Las estrellas de cine. Buenos Aires: Eudeba
Sadoul, G. (2004) Historia del cine mundial desde los orígenes. México: Siglo XXI Ed.
Sánchez Biosca V. (2004) Cine y vanguardias artísticas. Conflictos, encuentros y fronteras. Barcelona: Paidós
Ortiz, R. (1996) Otro territorio. Ensayos sobre el mundo contemporáneo. Buenos Aires: Universidad Nacional de Quilmes.
Ortiz, R. (1997) Mundialización y cultura. Buenos Aires: Alianza Editorial.   Rincón, O. (2002) Televisión, video y subjetividad. Colombia: Grupo editorial Norma.
Quintana, A. (2003) Fábulas de lo visible. Barcelona: Ed Acantilado.
Vilches, L. (1991) La lectura de la imagen. Prensa, Cine, televisión. México: Paidós Comunicación.
Williams, R. (1980) Marxismo y Literatura. Barcelona: Península.
Williams, R. (1992) Historia de la Comunicación. Volumen 2 De la imprenta a nuestros días. Barcelona: Bosch Casa Editorial.
Weinritcher, A. (2004)Desvíos de lo real. El cine de no ficción. Madrid: T/B Editores.

Indice

Dedicatorias..7

Agradecimientos..9

Prólogo..11

Introducción...15

1. Travelling rápido....................................19

2. Campo y Contracampo..........................31

3. Sellos de la cultura: La instalación.

Claves de lectura mundializadas 51

4. Los códigos de barra de la imagen:

Los ejes semánticos................................65

5. Panorámica y plano detalle:

la humanidad en contradicción.............79

6. Montaje sobre montaje. El magma mediático....95

Anexo. Las cifras de la imagen 105

Listado de films 119

Bibliografía..123

www.ingramcontent.com/pod-product-compliance
Lightning Source LLC
Chambersburg PA
CBHW071523220526
45472CB00003B/1131